经济社会统筹发展研究丛书

武汉市清洁生产模式及应用研究

李俊杰　李　波　段世德 等◎编著

武汉市科技计划项目（201262523843）阶段性成果

U0313214

科学出版社
北　京

内 容 简 介

在系统梳理清洁生产前沿理论的基础上，以武汉市清洁生产为分析对象，运用资源环境经济学、技术经济学、产业经济学、发展经济学、公共经济学、数量经济学和国际政治经济学等理论方法，总结武汉市清洁生产的进展与成就，分析存在的现实问题和面临的压力，准确把握问题产生的深层次原因，在借鉴国内外成功经验的基础上，提出武汉市清洁生产发展的战略构思和落实步骤。本著作将清洁生产与区域经济发展战略结合，把清洁生产从传统技术领域拓展到经济发展领域，结合国际气候变化与清洁生产发展趋势突现其时代意义。

本著作可供从事清洁与低碳生产、人口资源环境、区域经济发展、公共管理领域研究的专家学者作为研究参考，也能作为对资源环境学习和研究有兴趣的学生的学习资料，还能为制定产业发展规划和从事宏观经济管理的具体业务部门提供决策参考。

图书在版编目（CIP）数据

武汉市清洁生产模式及应用研究/李俊杰等编著．—北京：科学出版社，2015

（经济社会统筹发展研究丛书）

ISBN 978-7-03-046324-1

Ⅰ．武… Ⅱ．①李… Ⅲ．①无污染工艺－生产模式－研究－武汉Ⅳ．①X383

中国版本图书馆 CIP 数据核字（2015）第 268737 号

责任编辑：徐 倩 / 责任校对：张海燕
责任印制：霍 兵 / 封面设计：无极书装

科 学 出 版 社 出版

北京东黄城根北街 16 号
邮政编码：100717
http://www.sciencep.com

北京通州皇家印刷厂 印刷

科学出版社发行 各地新华书店经销

*

2015 年 11 月第 一 版 开本：720×1000 1/16
2015 年 11 月第一次印刷 印张：11
字数：221 000

定价：60.00 元

（如有印装质量问题，我社负责调换）

作 者 简 介

李俊杰，男，汉族，1971 年 11 月生，湖北省房县人，中共党员，管理学博士、教授、博士生导师。

历任中南民族大学科研处副处长、研究生工作部部长、经济学院院长等职务，现任中南民族大学党委常委、副校长。

主要研究中国少数民族经济和区域经济，主持国家社会科学基金 2 项、教育部重大攻关项目 1 项，主持部委、省市项目 10 项；独撰著作 3 部，参撰 4 部，在《光明日报》（理论版）、《中国人口·资源与环境》、《民族研究》、《世界民族》和《中央民族大学学报》等期刊发文 30 多篇；成果获部委、省市社会科学奖15 次。

2011 年入选教育部"新世纪优秀人才支持计划"和《湖北省社会科学界青年学者名录》，2011 年被评为湖北省有突出贡献中青年专家，2012 年入选《荆楚社科英才》，2014 年入选国家百千万人才工程，享受国务院特殊津贴。兼任湖北省经济学会副会长、中国民族学会理事、湖北省民族学会副秘书长、湖北省经济学界第六次代表大会副秘书长。

李波，男，汉族，1983 年 3 月生，中南民族大学经济学院副教授、博士，主要专注于低碳经济研究。在《中国人口·资源与环境》《经济地理》《经济经纬》等期刊上发表 20 多篇低碳领域的学术文章，其中多篇被人大复印资料全文数据库转载。主持国家社科基金、教育部人文社科项目、国家民委项目、湖北省社科等近 10 项国家级和省部级课题，研究成果获国家民委优秀调研成果奖、湖北省社科奖等奖项。

段世德，男，汉族，1976 年 10 月生，湖北武汉人，中南民族大学经济学院副教授、经济学博士、应用经济学博士后，主要从事区域经济发展问题研究。在《国外社会科学》《世界经济与政治论坛》等期刊发表论文 20 余篇，多篇论文被人大复印资料全文数据库等转载。主持国家和省部级项目 5 项，参与国家和省部级项目 10 余项。

总　序

　　实现民族复兴的中国梦，是中华民族肩负的历史使命。所谓中华民族的复兴，就是毛泽东所说中华民族"有自立于世界民族之林的能力"① 的体现。中国梦体现了中华民族的整体利益，是全国各族人民的共同理想。实现中国梦需要全国各族人民的共同努力。完成社会主义现代化的建设任务，则是对中华民族"有自立于世界民族之林的能力"的最好证明。不过，在辽阔的中华大地上，目前经济社会发展还不平衡，欠发达的地区主要分布在少数民族集中居住的民族地区。所以我们必须更加自觉地把统筹兼顾作为深入贯彻落实科学发展观的根本方法，统筹城乡发展、区域发展、经济社会发展、人与自然和谐发展、国内发展和对外开放，为实现民族复兴的中国梦铺就和谐相处的局面。

　　中南民族大学作为国家民族事务委员会直属的综合性高等院校，始终坚持"面向少数民族和民族地区，为少数民族和民族地区的经济与社会发展服务"的办学宗旨，始终立足于民族地区重要现实问题和迫切发展需求，创新民族理论、丰富学术研究、服务发展实际。学校地处湖北省武汉市光谷腹地，也承担着为地方经济与社会发展服务的任务。

　　长期以来，中南民族大学经济学院将经济学基本原理与方法运用于分析民族地区的经济问题和城市经济问题，为民族地区社会发展、区域经济发展服务。最近，他们又顺应时代要求，精心组织，稳步实施，编写完成了"经济社会统筹发展研究丛书"。该丛书陆续推出的论著，对当前民族地区和城市经济发展中的热点问题进行了深入研究，发现新问题、揭示新规律、总结新经验、探索新路径，为区域经济跨越式发展闯出新路子积极建言献策。与此同时，借此丛书，也可以展示经济学院研究成果，激发研究热情，活跃学术氛围。

　　民族地区的经济发展，关系到区域经济的协调发展，关系到国民经济和社会

---

　　① 毛泽东. 毛泽东选集（第 1 卷）. 北京：人民出版社，1991：161.

全局的战略性发展，关系到中华民族复兴目标的实现。这是时代赋予我们的庄严使命，希望经济学院再接再厉，坚持有所为，有所不为，人无我有，人有我优，人优我特的原则，把研究工作不断推向深入，为建设特色鲜明、人民更加满意的高水平民族大学做出更大的贡献！

中南民族大学校长、教授

2013 年 7 月 4 日

前　言

党的十八大明确提出"建设生态文明，是关系人民福祉、关乎民族未来的长远大计"，把生态文明建设放在突出位置，融入经济建设、政治建设、文化建设、社会建设各个方面和全过程，努力建设美丽中国。着力推进绿色发展、循环发展、低碳发展，形成节约资源和保护环境的空间格局、产业结构、生产方式、生活方式，是实现中华民族永续发展的重要抓手。作为世界上最大的发展中国家，发展生产和增加社会物质财富，依然是我国当前的主要任务，掠夺自然污染环境生产模式曾给自然留下迄今难以愈合的创伤，对全球气候变化的担忧和节能减排的期盼，正是清洁生产模式的时代意义所在，可以说，对清洁生产模式的探索正是对发展终极目的的思考。

一

工业文明以征服为基本特征，强调经济增长与物质财富增加，造成人与自然关系"异化"和经济社会发展与自然矛盾，公共资源产权的缺乏与生态环境的公共物品属性，以利润最大化为目标的企业依靠原材料的低成本，无须技术开发便可以获得比较高的利润，借助外延式的生产方式低估资源与生态环境成本，通过对自然资本的"压榨"提高金融资本和人力资本的价值，打破生产与自然的均衡。工业文明的推进造成了经济发展的名义福利与实际福利之间的鸿沟，体现在以国内生产总值（GDP）为代表的财富增加和环境福利的减少，使经济发展与福利享有失衡，造成对发展的恐慌，使人类社会出现了"反工业化"的倾向，经济发展与福利享有的失衡造成社会成员之间的割裂和社会的分化对立，既影响社会的和谐，也背离经济发展的最终目标。

与传统工业文明对立的生态文明，以协调共生为基本特征，强调环境友好与资源节约，不仅体现人与自然的共生共荣，还体现为社会成员福利的均衡与共同增加。强调环境的公共物品属性，经济发展要兼顾不同利益主体的诉求。在所有经济主体之间形成一种共识，形成具有一定约束性的制度安排，解决市场调节带来的个体追求自身利益最大化而忽略社会福利的问题，是对传统发展观和价值观的超越，是人类文明和价值的提升。探寻最大社会公约数的做法，是实现经济发展成果共享和面临问题共治的科学方法。

传统工业文明与现代生态文明最大的区别，在于生产方式的差别与对待自然的态度，清洁生产减少资源取得是生态文明的核心，减少生产活动的废弃物排放是关键，目标是实现人与自然和谐发展，实现人类经济社会的进步与自然环境的保护同步。不再片面追求物质财富积累，实现包含生态效益在内的质量性的发展，由单纯地追求经济目标向经济、社会与生态相协调的复合型目标转变。强调经济发展兼顾社会进步，以良好的自然环境这一人类整体利益消除不同经济主体之间的矛盾隔阂，实现利益关系协调。因此，清洁生产是人类发展历史上的重要跨越，是推动传统工业文明向生态文明转变的重要力量，是从"人类至上"向"众生平等"转化的关键一步，是整个人类社会进步的标志。因此，生态文明建设势在必行，生态文明以高效的经济配置与发展、良好的资源生态环境状况以及最大化的社会福利为核心要求，摒弃传统工业文明片面强调经济增长的单一目标，而是追求经济、生态自然以及社会的全面、协调、可持续发展。

清洁生产模式的推进，将成为经济增长和社会进步的新的推动力量。清洁生产建立的资源投入和技术基础有别于传统的工业文明，在对资源要素属性重新认识的基础上将产生新的投入方式，新技术需求将催生巨大的市场需求，与清洁生产相适应的消费理念的改变将促进产业结构从重型、高碳化向轻型、低碳化优化升级，通过政策引导，加快节能降耗，推动新能源、可再生能源与新兴环保产业发展，形成节约能源资源和保护生态环境的产业结构，促进生产、流通、消费过程的减量化、再利用和资源化。清洁生产将对传统生产消费方式产生根本性的影响，甚至出现颠覆式创新变革，新需求的产生将为经济发展产生巨大的推动力，成为经济持续向前发展永不枯竭的动力。因此，清洁生产不是简单的技术进步和生产模式的改善，而是经济发展动力和方式的重构，是经济发展新的动力源。

我国依靠原材料劳动力的低成本扩张，实现了经济的高速增长，但资源利用率低，环境污染严重，宏观经济数量性增长加重了生态系统自我修复更新的压力，而经济是有限的生态系统的子系统，经济数量的扩张必然受到生态系统边界的限制而不可持续。随着近些年雾霾污染指数的上升以及江河湖泊污染的加剧，生态系统越来越呈现出"不堪重负"的趋势，隐藏着爆发生态危机的巨大风险。清洁生产不仅有实现的必要性，更有实现的可行性，它是人类调节自身发展与生态系统关系的手段，也是协调经济社会与自然关系的途径。以"减量化"与"循环再利用"的绿色生产理念为指导，以生态系统的自我更新和自我修复能力为基础，在经济社会发展中始终把握好生态阈值，协调好经济社会与自然的关系，实现经济社会与自然全面发展。

二

　　湖北有"千湖之省"的美誉，武汉亦有"江城明珠"的盛名。"高山流水遇知音"的千古美谈，不断演绎人与自然和谐相处的美丽传说。大自然的恩泽养育了千万荆楚儿女，人与自然相亲相爱的故事亦在不断丰满。莽莽龟蛇铭记了"大江、大河、大武汉"昨日的辉煌，黄鹤白云也将见证武汉建设国家中心城市的进程。湖北曾有两次崛起的伟绩，是建立在传统农耕基础上的成就，依靠富饶肥沃的江汉平原和便利的两江交汇，在"鱼米之乡"的背后形成敬畏大自然、爱护环境的传统，"神农"的传说和炎帝的敬仰，烙上"敬天、重人"印记，生产方式的选择不可任性，探索科学的生产方式没有终点。

　　历史上武汉和湖北经济的崛起，都是因为把握住了生产模式变革带来的机遇。第一次是楚庄王携超强经济综合竞争力"问鼎中原"，与楚国先民"筚路蓝缕"的艰苦奋斗精神和"创新争先"的价值取向密切相关，并利用屈家岭领先的农业生产技术与江汉平原地理特征结合，领先的生产模式弥补经济发展水平与黄河关中地区的差距；清末湖北的再次崛起，与张之洞督鄂，推行"新政"有关，推行以学习和引进西方长技为中心，以兴建近代军事工业和工矿企业、派遣留学生、设立新式学堂等为主要内容的"洋务运动"，在国内率先实现生产模式由传统农耕向近代工业化转型，以引领生产力发展的姿态使武汉成为近代工业的发祥地，成就武汉"驾乎津门，直追沪上"的辉煌，赢得"大武汉"的显赫。武汉要获得与历史相对应的地位，建立领先的生产方式是取得成功的基础。

　　国内区域经济发展的竞争呈现千帆竞发的态势，领先的生产方式将成为区域竞争中胜出的决定性力量，在资源驱动的粗放发展模式竞争中，"缺煤、少油、乏气"的资源制约尽显，"中部塌陷"和"武汉在哪里"的尴尬，更是武汉没有创造领先生产模式的尴尬。重现武汉的历史辉煌，关键在于把握新机遇，创造最适合武汉的生产方式，在可持续发展的基础上实现"人尽其才，地尽其力"，让各种创造财富的源流竞相迸发。因此，结合第三次工业革命的潮流，把握武汉资源要素禀赋特征，将人民群众追求幸福生活的愿望与发展先进生产力、创造领先生产模式结合，激发"敢为人先"的文化底蕴，以"追求卓越"激发先进生产模式的效果，创造新的历史辉煌。

　　中共武汉市第十二次党代会提出"复兴大武汉，建设国家中心城市"的目标，实施工业倍增计划成为抓手，而形成清洁生产模式则是突破资源环境制约的关键一招。武汉清洁生产模式的探索取得巨大成绩：2014年在实现产值过万亿元的基础上，市域166个湖泊"三线一路"保护规划全面编制完成，城市空气质量优良天数达 182 天，比上年增加 22 天，PM 2.5 平均浓度比上年下降 12.8％，这标志着以习近平为总书记的党中央的生态文明理念，正在转化为经济发展的实践，是经济发展规律认识的新高度，是科学发展的新实践。武汉市市委、市政府在 2015 年两会上提出"让城市安静下来"的发展理念和"万亿倍增"的发展目标，结合《中国制造 2025》打造"武汉工业倍增升级版"的《武汉制造 2025》，其核心思想是利用清洁生产模式推进新型工业化。

武汉清洁生产模式探索已有初步成果。武汉城市圈多年的两型社会建设实践，探索出了一条以科学发展为主题、以转变发展方式为主线，以"两型"社会建设为主攻方向，推动清洁生产与社会经济发展相结合的路子，以共同的利益诉求和对美好生活的向往在全社会达成共识，多年的建设使发展清洁生产，建设生态文明的观念深入人心。

清洁生产发展方式在武汉的推行和落实，正当其时。

三

武汉市推进清洁生产模式，是经济发展方式转型升级的需要，也是长期技术积累和产业发展的必然产物，不仅具有技术产业基础，还承载了时代的使命。

长期重化工业发展排放了大量的废水废气，肮脏的生产模式需要投入大量的资源并对环境造成严重破坏，这种建立在与武汉资源要素禀赋错位基础上的生产模式，注定不可持久且效益低下。《寂静的春天》和《增长极限》的出现，不但提出了保护环境实现可持续发展的明天，更是激发人类对发展终极目标的思考，"人类中心"转向"生态中心"，全球气候变化使发展清洁生产成为人类应对生存压力的必然选择。建成中部崛起重要战略支点和建设国家中心城市的时代使命，决定发展依然是当前的核心任务，处于工业化中后期的武汉，发展清洁生产是顺利突围的重要着力点，要从能源清洁化、生产过程清洁化、农业生产清洁化、工业生产清洁化、服务业发展清洁化等方面努力推进，借助清洁生产系统的建设实现低碳的生产模式。

武汉推进清洁生产具有现实的紧迫性。湖北是我国第一批低碳省区的试点，武汉城市圈是"两型社会"综合改革试验区，承担着探索中国特色清洁生产模式和总结经验的历史使命。国家出台系列推进清洁生产的法律法规和相应政策文件，明确发展清洁生产是国家的重大战略决策和部署，武汉的资源环境压力使发展清洁生产成为现实选择。武汉发展清洁生产要建立在碳排查的基础上，把握当前污染废弃物的产生与排放的现状，只有查清问题的根源才能制定有效的应对对策和方针。因此，武汉的清洁生产应该建立在两大基础上，通过生产流程再造减少生产过程对能源的依赖，通过开发新技术提高资源使用效率，从源头减少废弃物的产生，发展污染治理和循环经济以减少废弃物的排放，形成完整的清洁生产链条。

武汉市发展清洁生产具有良好的基础。清洁生产的环境保护和可持续发展思想与中华生态文明一脉相通，是中西文明共同的价值判断和认知基础，是对发展终极目标认知的殊途同归，与我国经济发展满足人民群众日益增长的物质文化生活需要有着天然一致性，因此，发展清洁生产是满足人民群众新期待的重要手段，有着广泛的社会共识和认知基础。良好的科技基础是清洁生产监测、污水治理、大气污染防治等方面储备了大量的技术，有雄厚的科研实力基础，其应用效果价值巨大。立足于清洁生产催生了与此有关的产业，有一批在行业内有巨大影响的龙头企业，生物质发电在国内独树一帜，工业废气治理与应用特色鲜明，农业清洁生产产业蓬勃发展，青山循环经济发展成为清洁生产的一大特色。武汉一直在发展清洁生产，探索并初步形成了清洁生产管理体系，清洁生产技术和装备供应能力的增强，在社会意识作用下，清洁生产正在成为一种自觉自愿的行为。

武汉清洁生产进步明显，但发展的短板与不足依然严重。产业化水平偏低、技术创新能力不强、发展载体不足依然存在；产业结构日益老化、企业经营能力不强的问题没有得到根本性解决；部分企业和民众对发展清洁生产现实性和紧迫性认识不高，不科学的政绩观依然在清洁生产推进中成为制约；现有的发展机制不够健全的问题突出，财政资金的引导作用、商业资本的支持作用、区域碳排放交易的促进作用还没有完全发挥。在我国"五位一体"的社会主义建设中，发展清洁生产、建设生态文明成为区域经济竞争的新制高点，能不能在新一轮发展竞争中胜出，需要借鉴国内外先进经验，创新发展思路系统推进。

发展清洁生产是世界性的趋势，国内外清洁生产发展呈现五彩纷呈的局面，其成功做法值得学习和借鉴。美国是工业化最大的赢家，但在发展过程中也出现过严重的环境污染，利用制定的法律通过制度来引导清洁生产的发展，是美国最大的特点。欧洲作为发达国家和地区，在清洁生产方面走在世界前列，英国利用立法在国内形成发展清洁生产的舆论压力，并不断扩大影响力主导清洁生产发展的走势，在世界范围内形成话语权；法国利用自身在清洁生产技术方面的积累，通过相应的体制转化为现实生产力；德国通过循序渐进发展清洁生产，以鲁尔地区为试验平台，不断积累经验形成做法加以推动；瑞士因地制宜发展清洁生产，将清洁生产纳入国家发展规划。亚太地区的韩国、日本和澳大利亚在清洁生产的推进方面也是各有特色。国内的北京在奥运会期间推进环境治理的清洁生产模式；海南依靠产业驱动发展清洁生产；河北依靠区域联动联合在联动治理大气污染的基础上，推进区域产业发展向清洁生产方式转型。国内外推进清洁生产的成功经验都说明，认识的提升、政府的引导和市场作用的发挥，是推动清洁生产的重要力量，也是未来武汉清洁生产发展中需要借鉴的成功经验。

　　武汉清洁生产有成绩也存在不足，存在发展的挑战也有难得的机遇，关键在于把握时机并结合已有基础顺势而为。深刻认识发展清洁生产是落实经济转型，建设生态文明的重要战略举措，要从发挥市场作用和加强宏观引导出发循序推进。要在增加创新技术供给能力、加快市场主体培育、强化企业成长服务等方面做好工作。在政策实践上注重协同创新，利用财政税收、金融服务等手段加以推进。

目　录

第一章

清洁生产理论研究与实践探索

第一节　清洁生产是社会进步的必然结果

清洁生产的产生与发展，既是人类产业发展模式高级化的自觉选择，也是应对资源环境挑战的自然选择，是整个产业发展模式优化选择的必然结果，因此，我们回眸整个人类产业的进化过程，才能真正明确发展清洁生产的必要性。

一、农业社会：基于碳水化合物利用之上的清洁生产

在人类社会发展的早期阶段，人类始祖和其他动物一样，过着茹毛饮血的生活，只能依靠自身的基本能力并借助自然的能量来维持生存。人类能够从弱肉强食的动物世界的竞争中生存下来并成为世界的主宰，成为动物种群中的一个独特族群的根本原因是人类拥有超越其他动物的智慧，能够从自然界的发展与变化中认识到自然界的独特现象并发现其规律，利用自然界中不能为其他动物所掌握和使用的力量来壮大和拓展自己的力量，利用自然的能量来弥补人类自身能量的不足。人类早期所能利用的自然力，首推人类对火的利用。人类的某个先祖在无意中，从大自然的火山喷发或者是雷击引发的天然大火中，发现了经历大火烧烤以后的食物味道和口感的变化，以及消化吸收营养的改善，某些自然品经大火炙烤后发生了物理和化学变化，从形态到使用效果上都发生了很大的改变，这个偶然的发现，对于个人来说是很小的一步，但是对于整个人类社会和自然界的进化来

说却是惊天动地的一大步。火的力量让人类认识到了在自然界存在超越人类自身能量并可以被人类借用的外力，它能够成为人类生存并进一步发展的最重要的辅助力量。

从某种意义上讲，火的使用使人类出现了碳的排放，而碳的排放无论是对于提高人类的生活水平还是生活质量都具有非凡的意义。据《韩非子》《太平御览》等古书记载：在远古的时候，人们习惯吃生食，过着茹毛饮血的生活。但生食腥臊恶臭，伤害肠胃，易生疾病。后来，人们发现火烤熟的食品味美、易消化并有利于身体健康，若能长期地通过烧烤来改善人类的食物和营养结构，不仅可以改善身体健康状况还能提高人类适应自然界的能力。但因雷击等产生的自然火很少、存在时间短暂且火种不易长时间保留，当时有一位圣人从鸟啄燧木出现火花而受到启示，就折下燧木枝，钻木取火。他把这种方法教给世人，人类从此掌握了人工取火的技术，用火烤制食物、照明、取暖、冶炼等，使人类的生活进入了一个全新的阶段。在北京人的洞穴中，发现了厚达六米的灰烬堆积层，在贵州桐梓猿人遗址中也有烧烤过的兽骨，这些遗迹说明中国古代的猿人已经普遍使用火并利用火来烧烤食物。为了感恩火所带来的恩惠，世界不同地区流传着各种火种发明者的神话传说故事，在中国人们称这位圣人为燧人氏。燧人就是"取火者"的意思，被奉为"三皇之首"。而在希腊的神话故事中，有一个普罗米修斯的故事。在整个人类处于黑暗的时代，生活遭受到前所未有的困难，为了将人类从黑暗中拯救出来，他不惜冒犯天庭盗来人类生存的圣火，从而挽救了整个人类。中华民族和西方世界对于火种传播者的赞扬和美好的传说，其根源是对火的能量的赞扬，是对碳能量的一种粗浅认识。

火的出现在人类科技发展史上具有非常特殊的地位，在特定的历史条件下，科技的发展与进步建立在朦胧经验积累的基础上，火在当时就相当于现在的高技术，而伴随着这种新兴技术的是碳的排放。碳排放使人类社会的生产生活方式开始发生根本性变化，人类开始从原始的动荡游牧生活逐步向稳定的农居生活转变，生产力的提高促进剩余产品的出现，促使人类社会从原始公有制向私有制转变，人类社会开始进入农业文明时代。

而在整个农业文明时期，人类生活的基本模式就是清洁模式，因为当时人们的生活来源主要是自然界的植物，简单地说就是碳水化合物。糖类化合物构成的基础是碳水化合物，是动植物生存的能量来源，是自然界中最重要的有机化合物，分布也最广泛，是生命存在的前提和基础。农业社会在整个人类发展历程中时间最长，借助能量的获取形成完整的食物链：植物借助光合作用形成碳水化合物，一部分动物通过食用植物获得碳水化合物，另一部分动物通过食用动物和植物来获得，而人类则通过食用自然界中的动植物来维持生存，并通过燃烧植物保暖来形成完整的能量储存与转化体系。在这个能量转化过程中，太阳能最为重要，其不仅是碳水化合物形成的基础，还是地球上基本能量的最主要来源，尽管存在植物秸秆燃烧取暖的情况，但二氧化碳的排放量极少，并能被植物完全吸收，因此不存在二氧化碳存量上升的问题。

整个农业时代的清洁生产、低碳排放确保了人类自然环境的优美，但无法保障生活富足和财富的积累，解决温饱问题是人类始终面临的核心问题，因此，农业社会开始了人类低碳产业发展的先河，但无法快速推动人类社会的进步与发展。

二、工业社会：基于碳氢化合物使用的肮脏生产

工业文明的发展和演进多与技术革命相联系，而每次重大技术革命的突破又与动力革命连为一体。利用太阳和火作为主要的能量来源是农业社会发展的最主要特点，动植物驯养和种植是实现能量储藏和转换的一种补充。长期以来，人类在能量的储藏和转化上做了巨大的努力，并渴望获得一种效率更高的转换手段和方式，但在农业社会没有实现根本的突破，靠天吃饭和自然能量的无法控制致使人类在农业社会的进步异常缓慢。

近代工业文明的标志是人类燃烧煤炭和石油，而构成这些矿物燃料的基础是地球上长期积累的碳水化合物，以动植物躯体作为碳水化合物的储存基础，经过长期的化学物理变化形成化石燃料，并因此构筑工业社会。"工业社会是建立在对化石燃料（能源）的勘探、开采、加工、利用基础之上的经济社会，它使人类经济发展方式发生了翻天覆地的变化。"（鲍健强等，2008）近代工业生产建立的基础是蒸汽机的发明和使用，在能量转化技术进步推动下，柴油机和汽油机的相继发明推动了工业生产的迅速进步与发展。从蒸汽机到柴油机再到汽油机，这些能量转换机械设备的出现，促进了生产发展和运行速度的革命性提升。但是，这些能量转化机械在使用中存在一个巨大的缺陷——机械必须和能量母机联系在一起，而能量转化机械又要和能源的供应结合，同时燃料的燃烧会造成巨大的环境破坏和污染，远距离的能量转换和传输也是异常困难的。在一个地区能否建立工业生产的基地最主要是看这个地区是不是存在大量的煤或者石油资源，能源来源的制约和环境的污染成为工业社会发展的巨大制约。而且长期以来，化石能源的使用产生了大量的二氧化碳，地球上的二氧化碳存量越来越多，生产过程中二氧化碳增量不断增加，人类社会不知不觉进入"高碳社会"。在化石能源体系的支撑下，"人类形成了火电、石化、钢铁、建材、有色金属等工业，并由此衍生出汽车、船舶、航空、机械、电子、化工、建筑等行业，这些高能耗的工业都可称为高碳工业，即化石能源密集型产业。甚至连传统的低碳农业也演变成高碳农业，支撑现代农业发展的化肥和农药都是以化石能源为基础的"（鲍健强等，2008）。

　　现代工业社会的发展是建立在能源消耗技术上的，这些技术在带动生产发展的同时也导致了大量的污染物排放到自然界中，形成了肮脏生产。特别是一些高污染资源的消耗造成巨大的恶性污染并让人类付出了巨大的发展成本。欧洲和美国等首先进行工业革命的国家和地区，不仅消耗了大量的自然资源，造成了环境的严重恶化，而且为了保护自己国内的环境，不断地向发展中国家转移对环境污染非常严重的工业，形成了发达国家先污染，为了治理自己国内的环境将污染严重的工业转移到发展中国家来污染发展中国家环境的恶性转移循环事件。例如，美国将国内污染严重的化学工业转移到印度，在印度形成的博比惨案，就是毒气的泄漏造成印度 1 500 多人的伤亡和环境的长期恶化。日本国内因为环境变化形成的污染非常严重。发展中国家在工业化的过程中，也是不断地以牺牲环境为代价换取发展，如对森林的大量砍伐造成了土壤的沙漠化，而土壤的沙漠化成为进一步发展的巨大桎梏。环境的恶化导致人类的整个生存环境都在发生变化，原来并不存在的各种疾病在不断出现，对人类的健康产生了巨大威胁，同时因为环境的恶化，各种动植物面临灭绝的威胁，生物多样性的消失成为工业社会环境污染的另一恶果。伴随着经济全球化的深入发展，国际投资和加工贸易的盛行使碳排放问题成为当今重要的全球性问题之一。

　　因此，在对于传统的工业文明进行反思的基础上，在认识到工业化对经济发展具有推动作用的同时，还应该看到高碳排放的肮脏生产方式带来的副作用。人类不能仅仅只考虑到高碳排放带来的财富和便利，还要意识到其带来的严峻的环境问题，这一"双刃剑"的现实再次说明，人类必须树立更加科学的发展观，大力发展绿色科技，以实现整个人类的可持续发展。但如何有效地解决财富增长与碳排放之间的正相关性问题，不仅考验人类的科学技术，更考验人类重建全球经济发展制度的智慧。

三、未来社会：基于新能源高效清洁生产

　　在高碳肮脏生产基础上建立的工业社会中，人类创造了巨大的物质财富和精神财富，但是环境的恶化给人类敲响了警钟。肮脏生产所催生的生态环境问题是工业革命的一种副产品，但是在很长一段时间并没有真正引起人类足够的重视。

　　从 1962 年美国生物学家卡逊出版《寂静的春天》开始，人类对传统生产模式所造成的弊端的反思越来越深刻，反映了自工业革命以来人类对自身命运走向的觉醒。1966 年，美国经济学家鲍尔丁提出了循环经济的概念。1972 年罗马俱乐部发表《增长的极限》，作者通过统计模型计算并预言：在 21 世纪，人口和经济需求的极度增长将导致地球资源耗竭、生态破坏和环境污染（米都斯，1984），并提出持续发展要从全球化的视角来考虑。《增长的极限》一书的作者认为全球

化的动力主要有两个：其一，生产力的提高和科技的进步尤其是信息技术的进步使地球成为名副其实的"地球村"；其二，全球性问题的出现，如生态环境问题等要求进行全球性合作。而生态环境问题主要有以下几个特点：一是全球性；二是超越意识形态；三是整体关联性；四是生态环境的破坏具有不可逆转性。1972年，第一次人类环境会议在斯德哥尔摩召开，标志着人类向生态环境领域的合作迈出了坚实的一步；1987年，布伦特兰夫人在《我们共同的未来》的报告里，第一次提出可持续发展的新理念；1992年，在巴西里约热内卢召开的联合国环境与发展大会上，通过了《里约宣言》和《21世纪议程》，号召世界各国走可持续发展之路，这是人类在生态环境问题合作上具有里程碑意义的事件。

　　生态环境问题是人类终极关怀的问题，不论是发达国家还是发展中国家，不论是资本主义国家还是社会主义国家都应该认真面对这一问题。人类应该放弃传统的"人类中心主义"而转向"生态中心主义"，这不仅是人类几千年认识史上的重要转变，更重要的是提醒人类在享受过去200多年的工业社会的高速发展所带来的财富的同时，必须认真面对高碳排放造成的恶果。

　　二氧化碳减排机制的形成是一个复杂的问题，包括国家的责任、权利、利益，还包括各国民众的态度，尤其是对经济发展水平相对落后的国家造成的巨大压力，因此纷争众多，但总体来看其正面意义远超过负面影响，因为全球环境容量有限，二氧化碳的排放不能出现公共用地的悲剧，全球联合解决这一问题具有必然性。对二氧化碳排放具有监管能力的是企业属地政府，需要各国政府协作推进，二氧化碳的排放监管由一国行为转变为具有世界性影响的行为，要世界各国政府共同努力才能完成。这不仅是政治决心和意志的问题，更是技术创新能力的问题。世界各国技术开发能力的差异必然导致技术创新程度的参差不齐，发达国家要承担帮助发展中国家的责任和义务，全球的同呼吸共命运的现实要求全球联合，因此构建以低碳排放为基础的发展模式已经成为全球的共识。

　　建立在化石能源基础上的肮脏生产，成本巨大且不可持续，低碳清洁生产的价值巨大，要实现肮脏生产向清洁生产转变，面临三大挑战：一是高碳生产的惯性和沉淀成本的问题。高碳生产是工业革命以来人类生产活动的基本模式，已有发达国家的成功榜样，使更多的后进国家在发展过程中纷纷加以效仿，对高碳发展模式的迷恋，增加了低碳清洁生产理念普及的难度；发达国家的高碳生产模式，建立起一套完整生产体系，大量资本投资形成沉淀成本，低碳清洁生产的转型，意味着沉淀成本的放弃。二是低碳清洁生产模式形成的投入问题。清洁生产模式的投入包括两个方面，一方面要开发清洁生产技术，需要大量 R&D 的投入，并不是所有的国家都有足够的财力支持；另一方面是要建立清洁生产体系，需要投资进行生产设备的更新换代，对全球现有生产体系进行颠覆和重建，成本不是一般国家所能承受的。三是低碳清洁生产的技术开发能力问题。低碳清洁生

产技术的开发，需要强大的技术创新能力和足够科技人力资源储备，世界上同时具备这些条件的国家并不多

世界上最主要的发达国家和地区，如美国、欧盟、日本、以色列等都在结合低碳经济的发展趋势进行清洁技术创新，试图抢占未来发展的制高点，且已经积累了大量的相关清洁生产技术和新能源利用的经验。但发达国家从获取技术专利收益的角度出发，一方面大力宣传并要求落后国家节能减排推进清洁生产，另一方面却不肯利用自身的技术优势支持落后的国家，形成两难的局面。

四、清洁生产是社会进步的必然结果

全球气候变暖给人类生存和发展带来了严峻挑战，推动产业高级化是人类的必然选择和客观需要。过多过滥、粗放式地使用资源，单位能耗与单位资源消耗量过高，这使资源枯竭进一步加深，如果不能实现发展模式的高级化，人类的生存将受到严峻的挑战。从世界能源储量看，化石能源还可以开采利用较长时间，但是按照现有开放强度，世界上的石油可供开采不超过 40 年，煤炭顶多可以用 200 年，转换对化石能源的依赖已经刻不容缓。海水中的氢能是取之不尽用之不竭的未来资源，但现有的技术无法实现完全提取与使用。发达国家目前正在利用自身的技术优势，在节能、开发利用可再生能源、电动汽车等领域进行技术开发，其目的在于实现能源替代和可持续发展。

发达国家迈过了以使用高碳能源为主要动力的发展阶段，并积累了相应技术和资金，能为人类产业的高级化提供支撑和基础。从发展阶段看，发达国家已经迈过城市化和重化工业阶段，产业结构正在向低碳模式发展，生活方式的低碳化正在形成，除了交通工具需要消耗石油等化石能源外，吃饭、住房等几乎可以不依赖高碳能源。能源消耗模式的改变和生活方式的变化将会深刻地影响人类的经济模式和价值观念，在世界发展大趋势下，全人类终将走上低碳模式的发展道路。

第二节　清洁生产是可持续发展的体现

推动经济发展方式转型，加大清洁生产方式推行的力度，其关键在于通过减少二氧化碳的排放，减轻气候变化对人类生产的影响，最终实现可持续发展，因此，要把清洁生产放在可持续发展的特定背景下来分析。

一、清洁生产源自可持续发展的需要

2008 年春，美国著名经济学家、诺贝尔经济学奖获得者约瑟夫·斯蒂克利

茨应邀到中国参与经济情势分析。在作正式报告之前，他首先讲了一个故事：有
两颗行星经过地球，一颗行星问另一颗行星，你在担心什么？另一颗行星说，我
在担心人类；这颗行星说，你不用担心，因为人类不久就不存在了。然后，斯蒂
克利茨对与会者说，我们这样一个星球，在传统的资源浪费型的生活和消费模式
下是不能够存活的。他指出，我们需要一个新的、符合社会本质的生活和经济发
展模式①。工业化是人类社会发展的必由之路，它给人类带来经济的繁荣和社会
的发展，然而，急剧增长的人口产生了巨大的需求，于是按需生产的市场经济带
领全球进入了一个资源短缺、环境恶化的时代，如何解决人口膨胀、资源短缺、
环境恶化这三个当今社会可持续发展所面临的不可回避的现实问题成了全社会关
注的热点。

　　2003 年，英国能源白皮书《我们能源的未来：创建低碳经济》，首次将低碳
经济理念推向世界。其主要原因就是英国意识到能源安全和气候变化的威胁，而
且意识到能源安全和气候问题不是一个国家、城市独自努力就能解决的事情，它
需要国家之间、城市之间开展合作，共同努力才能得以缓解。2005 年 10 月，在
伦敦的倡议下，18 个世界一线城市组成了世界大城市气候领导联盟，通过相互
协作共同应对气候变化，建设低碳城市。随后该组织又扩大规模，目前已形成包
括伦敦、巴黎、东京、纽约、悉尼、首尔等在内的 40 个城市联盟（简称 C40），
通过低碳技术合作等建设低碳城市、发展低碳经济。1997 年签订的《京都议定
书》中，也明确提出欧盟可以采用"集团方式"实施减排，即欧盟内部的许多国
家可视为一个整体，采取有的国家削减、有的国家增加的方法，在总体上完成减
排任务。这是通过国家之间的合作实施减排，发展低碳经济的又一例证。因此，
从国际发展的大趋势来看，世界转入清洁生产时代。

　　2002 年 9 月，联合国在南非的约翰内斯堡召开世界可持续发展大会，发表
了《约翰内斯堡可持续发展宣言》，指出了我们人类所面临的挑战——资源耗竭、
荒漠化吞噬良田、气候变暖、污染严重、自然灾害频繁等一系列问题。同时承诺
执行《可持续发展问题世界首脑会议执行计划》及加速实现其中所列规定时限的
社会经济和环境指标。可持续发展理念引发了世界各国对发展与环境的深度思
考，美国、德国、英国等发达国家和中国、巴西这样的发展中国家都先后提出了
自己的 21 世纪议程或行动纲领，强调要在经济和社会发展的同时注重保护自然
环境。

　　2007 年，美国提出《低碳经济法案》。2009 年 2 月，美国正式出台了《美国
复苏与再投资法案》，投资总额达 7 870 亿美元，主要用于清洁能源的开发和大

---

　　①　中宏国研信息技术研究院．经济情势报告（第 29 号）．http://www.China-cer.com.cn，2008-
03-28：14-15.

力发展清洁生产。2008 年英国颁布实施《气候变化法案》，提出 2050 年达到减排 80％的目标，并着力推广"低碳经济模式"，对发展清洁生产形成法律制度性安排，成为世界上发展清洁生产的样本国家。2006 年 6 月 26 日，英国首相布朗发表演讲，呼吁发展中国家不要再沿袭旧的经济发展方式，因为其环境成本巨大，必须建立适应未来发展需要的新模式，利用清洁生产技术发展经济。2008年 12 月，欧盟通过了能源气候一揽子计划，其中包括碳排放法规等与清洁生产有关的六项内容。日本政府将低碳社会作为未来的发展方向和政府的长远目标，并在 2008 年通过了"低碳社会行动计划"。同年 8 月，韩国公布《国家能源基本计划》，提出提高资源循环率和能源自主率的要求。2009 年，韩国又制定了《低碳绿色增长的国家战略》，确定了从 2009 年到 2050 年低碳绿色增长的总体目标，提出大力发展低碳技术产业，强化应对气候变化能力，提高能源自给率和能源福利，全面提升绿色竞争力。

世界各国注重清洁生产技术是为了降低二氧化碳的排放，促进可持续发展，将经济活动和发展建立在可持续发展的基础上。

二、经济发展是清洁生产的基础

清洁生产方式对整个人类社会可持续发展的意义重大，人类提倡可持续发展观念的时间比较长，近年来在落实清洁生产方面正在取得积极进展，这固然与人类认识水平提高有关，也与清洁生产经济基础加强密切相连。

1966 年，国外学者将物理学中的"脱钩"概念引入社会经济领域，为探讨经济发展与资源环境的关系提供了有力支撑。"脱钩"理论主要用来分析经济发展和资源消耗之间的"解耦"关系。对经济增长与物质消耗之间的关系的大量研究表明，一国或一地区在工业发展初期，物质消耗总量随经济总量的增长而同比增长，甚至更高，即经济发展与资源消耗是同步的、对耦的；这个时期的二氧化碳排放与经济发展也是同步的。但在某个特定阶段后二者的关系会出现变化，即经济增长时物质消耗并不同步增长，而是略低，甚至开始呈下降趋势，即经济增长与物质消耗脱钩，开始"解耦"，这个时期二氧化碳气体排放与经济发展也开始"解耦"。这时若二氧化碳排放仍保持增长，但其增长速度低于经济发展速度，可称之为相对脱钩；若其增长为负增长，可称之为绝对脱钩（图 1-1）。由此看来，随着科技进步和经济社会的发展，要实现经济社会与二氧化碳排放脱钩发展是完全有可能的，对于一个国家或地区而言，问题的关键是何时能够实现二者的脱钩发展。而要实现"解耦"，关键在于发展清洁生产技术，特别是当经济发展到一定的阶段时，可以借助宏观政策的引导作用，加速脱钩的进程。

另外，环境库兹涅茨曲线（environmental Kuznets curve，EKC）理论认为，经济发展与环境问题存在倒 U 形关系。当一个国家经济发展水平较低时，

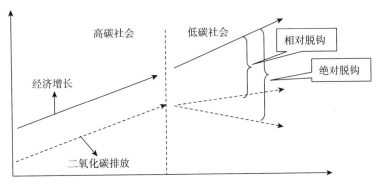

图 1-1　"脱钩"理论示意图

环境污染的程度较轻，但是随着人均收入的增加，环境污染由低趋高，环境恶化程度随经济的增长而加剧；当经济发展达到一定水平后，也就是说，到达某个临界点（或称"拐点"）以后，随着人均收入的进一步增加，环境污染又由高趋低，其环境污染的程度逐渐减缓，环境质量逐渐得到改善（图 1-2）。按照新加坡经济学家对环境库兹涅茨曲线转折点的研究，当人均 GDP 达到 3 000 美元的时候，环境库茨涅茨曲线接近或达到转折点。也就是说，当一个地区人均 GDP 未达到 3 000 美元时，要实现其经济发展与环境污染脱钩发展是比较困难的。只有当其经济发展超过人均 GDP 3 000 美元时，其经济发展与环境污染才有可能实现脱钩发展，这个时期推进低碳经济才有可能见到实效。Grossman 和 Krueger（2001）在分析北美自由贸易协定对环境的影响时利用简单的回归模型对人均 GDP 与环境污染之间的关系进行了实证分析，发现两者之间存在一个倒 U 形的曲线关系，即随着人均 GDP 水平的提高，污染水平随之上升，但当人均 GDP 上升到某个程度时，污染会达到峰值，随后，污染随着人均 GDP 的上升而呈下降趋势，这个拐点在 4 000～5 000 美元。Richmond 和 Kaufmann（2006）对 36 个国家（包括 20 个发达国家和 16 个发展中国家）的 1973～1997 年的面板数据进行分析，结果表明，发达国家收入与人均能源利用或碳排放之间存在环境库兹涅茨曲线拐点，由此看来，发展低碳经济不能一概而论、均衡推进，要结合各个城市发展实际，坚持因地制宜的原则，差异化地推进低碳经济。随着当前中国经济规模的持续扩大，人均经济水平由中低收入向中高收入转变，发展清洁生产技术正当其时。

三、立法促进清洁生产

发展清洁生产产业，通过节能减排推动可持续发展成为关键。从环境对人类的作用来看，可将环境视为一个提供和转化各种能量的高度组织的复杂生态系统，其必然受约束于热力学规律（能量守恒和熵定律），在注入环境（地球）的

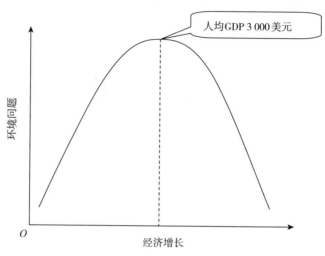

图 1-2　环境库兹涅茨曲线示意图

能量（如太阳能）一定时，在能量转化过程中熵不断增加，即使环境质量不变差（环境转化能量的能力不减弱），其能提供的能量也有一个上限；当环境遭到破坏（转化能力下降）时，环境所提供的服务或能量将是递减的。同时，环境作为一个封闭的系统，其转化能量的能力将以其自身转化的能量来恢复，而要保持环境质量不变（转化能力不变），所需付出的代价或者所需的能量将是递增的。在这二者共同作用下（环境所能提供的能量或服务将呈"凹"性递增，而保持环境功能所需的代价呈"凸"性递增），环境的承载能力（即环境提供能量的能力与环境自身恢复所需的能量之间的差额）是有上限的。自然的结果就是，如果环境提供能量不受限制地增长，经济活动产生的废弃物超过环境自我净化能力，将带来自然生态系统的崩溃，后果将是毁灭。这种假说含义重要的一条即是人类要想尽可能长地存续，必须限制经济的增长速度，甚至是"零增长"，经济的可持续发展也将受到严峻的考验。

　　清洁生产需要人类社会在工业化和发展之间找到一个平衡点。清洁生产对企业而言，是一个实现经济效益和环境效益相统一的策略；对政府而言，是指导环境和经济发展政策的理论基础；对公众而言，是平衡政府部门和工业企业的环境表现及可持续发展的尺度。2000 年 10 月，在加拿大蒙特利尔市召开的第六届清洁生产国际高级研讨会对清洁生产进行了全面系统的总结，指出清洁生产在技术工艺、推广项目及思维方式等方面都取得了显著的效果，并将清洁生产从四个层次形象地概括为技术革新的推动者、改善企业管理的催化剂、工业运行模式的革新者、连接工业化和可持续发展的桥梁。清洁生产可以将污染整体预防战略持续地应用于生产全过程，通过不断改善管理和技术进步，从而提高资源综合利用率，减少污染物排放以降低对环境和人类的伤害。企业实施清洁生产不仅可以有效地控制环境污染，减少能源消耗，而且可以增强市场竞争力。

20 世纪 90 年代前后，西方各主要发达国家在总结传统"末端治理工业污染防治模式"经验教训的基础上，提出了"废物最小量化""污染预防""无废技术"等方法和措施，变末端治理为源头削减的污染控制策略，并借助相应的法规在全社会范围内推行清洁生产技术。近年来发达国家的工业污染控制战略已发生重大变化，用预防污染政策取代了以末端治理为主的污染控制政策。许多发达国家积极推行以科技进步为先导的清洁生产，并已经开始取得成效。现在，联合国和世界银行已经开始大力资助各国的清洁生产项目。美国是世界上最早以立法推行污染预防（即清洁生产、源头削减）的国家，并且特别重视环境技术的发展。1990 年美国能源部发表了"废物消减政策声明"，美国国会通过了《1990 年污染预防法》，宣布以污染预防政策取代长期采用的以"末端"治理为主的污染控制政策，要求工矿企业必须通过"源头削减"减少各种污染物的排放量，并从组织、资金、技术和宏观政策等方面授权美国国家环保局执行联邦政府的新环境政策，1991 年即有一半以上的州有了污染预防法；1992 年发布了"污染预防战略"。与美国的做法相类似，德国、法国、加拿大、荷兰、瑞典、丹麦等国家也都高度重视科技进步在实施污染预防、清洁生产战略中的核心地位，主要通过法规管制、经济刺激、人才培训、信息交流等途径推行清洁生产。而在企业界，许多公司已经开始转变观念，努力在减少废物排放和减轻对环境危害的同时达到提高经济效益的目的。

四、重视清洁生产技术创新

国际上对清洁生产技术的创新，集中在对当前高碳发展模式的低碳化处理上，借助低排放实现清洁生产。联合国环境规划署的《绿色职位：可持续发展的低碳世界里的体面工作》在 2008 年出炉，对与低碳产业发展相关的"清洁生产"工作做了初步的概括和说明。"从这些工作的性质看，其实涵盖了现有的绝大多数行业。"（卢晓彤，2011）

日本国家环境研究所（National Institure for Environmental Studies，NIES）联合京都大学等研究机构组成的"2050 低碳社会情景研究小组"，在 2008 年发布了《走向低碳社会（LCSs）的日本情景与行动》的报告。"报告对 2050 年日本在 199 个目标领域实现低碳生产的可行性进行了详尽的分析，并且提出日本要在 2050 年建成低碳经济型社会所要采取的 12 大行动，每项行动对应具体的行业。"（卢晓彤，2011）该报告明确提出，要达到低碳社会的目标，必须在传统产业的节能技术和服务以及低碳的新能源开发方面取得进步，大力进行清洁生产技术创新是关键。国际组织及发达国家的这些报告显示，清洁生产主要包括节能环保所涉及的诸多产业以及可再生能源领域。英国独立研究机构创新解决研究会（Innovas Solutions）在 2009 年出台的《低碳和环境产品与服务产业分析报告》认为，"低碳产业涵盖 23 个行业 95 个子行业，大致可以分为环境产品和服务、可再生能源、新兴低碳行业三大领域，其中，环境产品和服务领域主要涉及相对成熟的传统产品与服务，如空气污染控制、噪声控制、垃圾处理、资源回收利用、环境咨询服务等；可再生能源领域包括水电、风能、太阳能、地热能、生物质能等新兴能源的开发利用；新兴低碳行业则包括替代燃料的研发及其应用（如由此衍生的新能源汽车等）、节能建筑技术、核能技术和碳金融等"（卢晓彤，2011），基本上勾勒出目前清洁生产技术及与之相关的方方面面（表 1-1）。

表 1-1　清洁生产技术与相关领域

领域	行业	子行业	关键领域
环境产品和服务	空气污染控制	尘埃和颗粒物控制	室内空气质量
		工业/道路交通排放控制	工业排放控制
		工业环境（车间）空气控制	加工工艺中空气污染控制
	环境咨询和相关服务	环境领域的专家咨询	培训与教育
		雇员及业务人员招募	环境领域的管理服务
	环境监测、仪器仪表和分析	环境监测	环境状况分析
		仪器仪表及软件	
	海洋污染控制	海洋污染的清除	相关技术和研发
		海洋污染专家咨询与培训	
	噪声和振动控制	消除噪声	相关技术和研发
		噪声和振动领域的咨询、培训和教育服务	
	受污染的土地复垦和整治	土壤修复和荒地开垦	核基地的退役和复垦
	垃圾管理	垃圾处理设施建造和运营	垃圾处理的机械设备
		相关技术及研发	咨询、培训和教育
	供水和污水处理	水处理及其配送	咨询、培训和教育
		相关技术及研发	相关工程
	资源回收利用	雨水收集	工程及设备
		咨询、教育和培训	相关技术和研发
		纺织品类回收加工	堆肥类原料加工
		废纸类原料加工	汽车回收
		木材类回收加工	油料类回收加工
		电子相关产品回收加工	家用电子产品回收加工
		塑料回收加工	橡胶制品回收加工
		煤燃料产品回收加工	玻璃回收加工
		建筑及爆破废料的再利用	金属回收加工

续表

领域	行业	子行业	关键领域
可再生能源	水电	涡轮机	供电
		大坝及其建造	泵及其润滑
	海浪和潮汐能	涨潮落潮能源利用	泵及其他设备
		"双池"方案	涡轮机及发电
		技术评估和测量	其他通用服务
	生物质能	教育和技术咨询	锅炉和相关系统的制造
		锅炉和相关系统	生物质高炉
		生物质能系统	
	风能	风场管理系统	大型风力涡轮机
		小型风力涡轮机	
	地热能	全系统制造	咨询及相关服务
		专用设备的制造及供应	相关系统的供应
		部件设计与研发	
	可再生能源咨询	可再生资源的综合咨询	
	太阳能光伏	系统与设备	太阳能光伏电池
		其他相关设备与化合物	化合物（材料）
		研发服务	
新兴低碳行业	替代燃料汽车（低碳汽车）	汽车专用的替代燃料	其他燃料和车辆
	替代燃料	主流燃料	电池
		其他燃料	核电
	其余能源	在研发中的其他能源	
	碳捕获与存储	碳捕获与存储	
	碳金融	碳金融	
	能源管理	节能照明设备	节能加热和通气设备
		节能电子设备	供气
		咨询、教育和培训	相关技术和研发
	绿色建筑技术	节能窗	节能门
		绝缘和保温材料	能源监控系统

资料来源：BERR. Low carbon and environmental goods and services：an industry analysis，2009

　　清洁生产技术发展的趋势如下：一是集中在新兴能源技术方面，如替代能源很多是潜在的新兴能源，可以放在可再生能源领域，但是这里分布在新兴低碳行业中，这一领域主要包括正处于研发阶段的一些能源（如氢能燃料电池）；生物燃料既包括在替代能源行业中，也包括在替代燃料汽车（低碳汽车）行业中（其他燃料汽车）。此外，新兴低碳领域中的很多行业可以看做环境产品和服务领域的"边缘"产品和服务。二是节能清洁生产技术的运用，如美国、德国、丹麦、日本等将这些产业如绿色节能建筑技术、替代能源技术产品和服务看做环境产品和服务领域中的核心产业。尽管不同国家对低碳经济涵盖的产业及其具体的分类有不同的做法，但是在总体原则上基本上是一致的，即清洁生产技术包括了传统的环保领域、新能源领域及新兴的低碳产品与服务领域。

五、初建清洁生产技术的评价指标体系

目前世界各国对清洁生产评价指标的研究结果不尽相同。张凯和崔兆杰（2005）认为常用的清洁生产评价指标主要有以下六种：①生态指标。欧盟用环境影响的观念来评估污染物质对生态环境的影响和对人类健康的危害，并建立了各项生态指标体系。②气候变化指标。荷兰制定的气候变化指标是将全国每年的 CO_2、甲烷（CH_4）、氧化亚氮（N_2O）的排放量以及 CFCS（chloro-fluoro-carbon，即氯氟烃）的使用量都折算成 CO_2 当量相加。这一指标只适用于政府对全国温室气体的控制，但对个别企业却无法指导清洁生产的进行。③环境绩效指标。欧盟绿色圆桌组织（European Green Table，简称 EGT）针对铝冶炼业、油气勘探业、石油、石化、造纸等行业特性提出了应该建立的清洁生产指标项目。④环境负荷因子。英国得利公司研究出一种环境负荷因子（environmental load factor，ELF）作为评估化工新工艺的参考值，其定义为环境负荷因子＝废弃物（吨）/产品（吨）。⑤废弃物产生率。美国 3M 公司研究出一个简单的指标作为评估工艺的参考值，其定义为废弃物产生率＝废弃物（吨）/产出（吨）。⑥减废信息交换所（Pollution Prevention Information Clearinghouse，PPIC）。美国环保署的减废信息交换所采取的方式是经常调查或评估废弃物产生量、原料、水及能源的耗用量。在每次调查或评估之间必须进行某项改善，然后比较改善前后的情况，以评估改善的程度。

Salvador 等（2000）已经认识到清洁生产（cleaner production，CP）和环境影响评价（environmental impact assessment，EIA）是两种最重要的环境保护措施，由于它们在原则、目标、程序上有很多相似的地方，而且在形式、立法上有一定的联系，因此两者结合具有重要意义。在这个时期的环境报告中，与具体工艺技术相比，欧盟更关注 EIA 中是否包含污染预防控制 IPPC[①]/CP 的思想，如公司应有 IPPC/CP 实践的政策和承诺、组建 IPPC/CP 工作组、明确 IPPC/CP 机会以及 IPPC/CP 实施中的公众参与、消费者参与等。也就是说，初期的清洁生产评价并没有量化指标，仅是从一些定性指标来反映项目是否实施清洁生产或者大概反映项目的清洁生产水平。随着清洁生产理论和技术的不断发展和完善，发达国家相继开发出许多清洁生产指标，常用的有生态指标、气候变化指标、环境绩效指标、环境负荷因子、废弃物产生率、减废情况交换所等，详

---

① IPPC（integrated pollution prevention and control，即综合污染预防控制）

见表 1-2。

表 1-2　国外常见清洁生产指标

指标名称	内容简述	备注
生态指标 (eco-indicator, EI)	从生态环境评估的观点出发，将所排放的污染物质对环境的影响量化评估，并建立量化的生态指标，共建立 100 个指标体系	区域性强
气候变化指标 (climate change indicator, CCI)	污染物的排放量，所选择的标准物质包括 CO_2、CH_4、N_2O 的排放量以及 CFCS、哈龙（halons）的使用量，以上均转换为 CO_2 当量，逐年记录评估对气候变化的影响	适用于政府对全国温室气体的控制
环境绩效指标 (environmental performance factor, ELF)	针对铝冶炼业、油与气勘探与制造业、石油精炼、石化、造纸等行业，开发出能源指标、空气排放指标、污水排放指标、废弃物指标及意外事故指标	适合于各具体行业
环境负荷因子 (environmental load factor, ELF)	ELF 表示废弃物重量与产品重量（产品销售量）的比率	不能真正表示对环境的影响程度
废弃物产生率 (waste ratio, WR)	WR 表示废弃物重量与产出量（所有原副产品和废弃物）的总和比率	不能真正表示对环境的影响程度
减废情况交换所 (Pollution Prevention Information Clearinghouse, PPIC)	比较使用清洁生产工艺前、后的废弃物产生量	适用于同一工厂

欧美国家采用的清洁生产指标体系更加定量化和具体化，整个指标体系横向分为原材料与能源、生产过程以及产品指标，纵向分为环境与污染指标、技术指标、管理指标和经济指标。在实际应用中，通常是根据项目特征从指标体系中选取一些最能反映项目清洁生产属性的指标，组建新的清洁生产评价指标体系。与清洁生产相关的指标体系有产品生命周期评价指标体系、绿色产品包装指标体系、环境管理标准中的环境行为指标体系等，详见表 1-3。Li 和 Hui（2001）提出的企业生产环境影响评价指标体系包括生态健康指标和人体健康指标两类。与产品生命周期评价指标体系中的指标相比，生态健康指标和人类健康指标更微观和具体。国外所建立的清洁生产指标体系虽然不完全适合我国，但对于我国指标体系的建立具有极大的借鉴意义。尤其是环境绩效指标，行业针对性强，可以用

于识别企业的减废空间所在，也可说明企业的环境绩效，对于我国建立各行业的指标体系具有很高的参考价值。减废情况交换所建立的指标体系，对项目持续清洁评价的指标体系建设有一定的参考价值。清洁生产包括清洁产品，因此绿色产品包装指标体系对建立清洁生产指标体系也有一定的参考价值。

表 1-3　清洁生产相关指标体系

指标名称	内容简述	备注
产品生命周期理论	目前国外主要的环境影响分析工具包括资源退化指标、生态健康指标和人类健康指标三大类指标，下设若干指标	从全球或区域影响范围来建立指标体系，宏观性强
清洁生产和包装	主要包括原材料指标、废料最少化指标、污染排放指标、工艺流程简化指标、产品重量指标、品种多样化指标及产品报废后处置和生物降解指标	将产品包装也纳入产品分析范围
ISO 14000 标准体系	测量环境目标进展情况的环境行为参数	—

Narayanaswamy 等（2003）认为，2002 年清洁生产产业已经达到了两位数的增长率，技术进步将使清洁能源的成本不断降低，并进一步推进产业的快速发展。清洁生产相关指标体系的提出将有助于清洁生产的普及和具体实施，进而促进产业持续快速发展。美国福萨洛（2009）认为中国和印度的经济增长将引发对能源的日益增长的需求，清洁生产能源的使用能有效降低经济社会发展对能源投入的依赖，对于改善人与自然的关系、保护生态资源环境具有深远意义。因此，在清洁生产审核前运用清洁生产评价，可使企业后续清洁生产审核工作简单化和重点明确化。通过清洁生产评价，确定审核重点，简化清洁生产审核的预评估和评估程序；方案实施后，清洁生产评价可用于评价实施效果，有利于进行下一轮清洁生产审核。

第三节　清洁生产是中国经济转型的推动力

我国人口、资源、环境压力不断加大，而清洁生产能为经济可持续发展创造条件，为我国经济发展升级创造条件，因此国内理论和实务界高度关注清洁生产，并为清洁生产的继续推进创造条件。

一、初步归纳清洁生产的理论体系

中国注重清洁生产技术的应用与推广并一直在努力，结合中国经济升级的需要和国际清洁生产的发展，创新清洁生产理论体系，形成的基本理论主要包括以下几个。

（一）可持续发展理论

在全球性的环境问题（臭氧层破坏、自然灾害、资源枯竭、环境污染、人口剧增、全球变暖和生物多样性消失等）不断出现的背景下，20世纪80年代形成了可持续发展的思想。可持续发展强调的是经济、社会和环境的协调发展，其核心思想是经济发展应当建立在社会公正和环境、生态可持续的前提下，既满足当代人的需要，又不对满足后代人需要的能力构成危害。

1. 可持续发展的基本内容

发展是满足人类自身需求的基础和前提。人类要继续生存下去，就必须强调经济增长，但是这种增长不是牺牲环境来取得的，而是以保护环境为核心的可持续的经济增长，通过经济增长保证人类的生存与发展，并把消除贫困作为实现可持续发展的一个重要条件，即不否定经济增长，但要重新审视经济增长方式。

经济增长目标、社会发展目标与环境保护目标三者之间必须协调统一，即环境与经济协调发展。经济增长速度不能超过自然环境的承载能力，必须以自然资源与环境为基础，与环境承载能力相协调。要考虑环境和资源的价值，将环境价值计入生产成本和产品价格之中，建立资源环境核算体系，改变传统的生产方式和消费方式，即以自然资源为基础，与环境承载力相协调。

以提高人民生活水平为目标，既要体现当代人在自然资源利用和物质财富分配上的公平，也要体现当代人和后代人之间的代际公平，不同国家、不同地区、不同人群之间也要力求公平。

2. 可持续发展战略总体要求

人类要以人与自然相和谐的方式去组织生产，把环境与发展作为一个相容的整体来看待，通过制定发展政策来发展社会科学技术，改革生产方式和能源结构。以不损害环境为前提，控制适度的消费和工业发展的生态规模。从环境与发展最佳相容性出发确定其管理目标和优先次序，加强资源环境保护的管理，发展绿色文明和生态文明。

3. 可持续发展的特征

目前关于可持续发展的定义多种多样。经济学家侧重于保持和提高人类的生活水平，生态学家侧重于生态系统的承载能力。但其基本共识是，可持续发展至少包含以下三个特征。

人类的经济和社会发展不能超越生态环境系统更新能力的发展，使人类的发展与地球承载能力保持平衡，使人类生存环境得以持续。人类尊重自然界的客观存在性，即在保护自然资源的质量及其所提供服务的前提下，使经济发展的利益增加到最大限度。

可持续发展要以改善和提高生活质量为目的，与社会进步相适应，是一种在保护自然资源基础上的可持续增长的经济观、人类与自然和谐相处的生态观、对当今后世公平分配的社会观。

生态可持续、经济可持续和社会可持续三个特征之间互相关联而不可侵害。生态可持续是基础，经济可持续是条件，社会可持续是目的。人类共同追求的应该是自然-经济-社会复合系统的持续、稳定和健康发展。

在传统粗放型经济增长方式为主的工业发展过程中，环境不断恶化、能源和资源越来越短缺，为寻求可持续发展之路，人类总结以前发展模式、经济增长方式的经验和教训，选择了清洁（预防污染、保护资源）生产的发展模式，即提高工业能效、开发清洁的技术和生产工艺，改善污染治理技术，用适当的替代品取代产生污染的产品，减少废弃物。

（二）工业生态学

众所周知，人类仅用了200多年的时间就建立起了现代工业文明体系，同时，发达国家完成了工业化和城市化的进程。但是，在实现工业化和城市化的进程中，遇到了前所未有的环境污染和生态破坏问题。因此，在以传统产业为主的工业体系向以高新技术为基础的工业体系演变的过程中，需要采用一种前瞻性的、与环境友好的、体现生态效率的工业发展模式，按照工业生态的原理建立新的生态工业体系，或者对传统工业体系进行改造，从工业源头和全过程来控制工业污染，实现工业的可持续发展。

1. 工业生态学概念

工业生态学（industrial ecology，IE）是生态工业的理论基础。工业生态学通过供给链网（类似食物链网）分析和物料平衡核算等方法分析系统结构变化，进行功能模拟，分析产业流（输入流、产出流），研究工业生态系统的代谢机理和控制方法。

工业生态学是指用生态学的理论和方法来研究工业生产的一门新兴学科。它把工业生产视为一种类似于自然生态系统的封闭体系，其中，一个单元产生的"废物"或副产品，是另一单元的"营养物"和原料。因此，区域内彼此靠近的工业企业就可以形成一个相互依存类似于生态食物链过程的"工业生态系统"。

2. 工业生态学的三大基本要素

工业生态学是专门审视工业体系与生态圈关系的，充分体现综合性和一体化的一种新思维。工业体系的生物物理基础（即人类相关的物质与能量流动）是工业生态学研究的主要范围。科技的动力（即关键技术的长期发展进化），是工业体系的决定性因素，它可把现有的工业体系转换为可持续发展的体系。

工业生态学的基本内容：①研究工业活动与生态环境的关系。其内容包括对资源和能源的利用，废料和污染物的排放，工业污染物在环境中的扩散、迁移和转化，工业毒理学，工业污染物的环境监测和评价。②探索工业生态化的途径。工业生态化的途径主要包括开发利用可再生能源、开发与环境相容的工业生产技术、提高资源综合利用率、提高能效、减少物料消耗、拒绝废料及物料再循环。③在工业规划和管理中运用生态原则。其内容包括组织符合生态原则的工业供需链，保持不同行业、企业间适当的相互比例（即结构调控），与周围环境相容的工业区的选点和布局，反馈机制，政策调控，组织社会再循环。

工业发展一般有以下三种模式。

（1）传统工业发展模式。传统工业发展模式是不顾环境的工业生产，即除了剧毒和能引起急性中毒的废料外，绝大部分废料均不加处理地直接排入环境，依靠自然的扩散、稀释、分解加以消纳。追求单纯的经济效益为传统工业模式唯一的驱动力，该运作方式造就了工业内部的高度经济性。传统工业发展模式的起止时间是工业化初期至 20 世纪中叶，我国一些乡镇企业至今仍沿袭这种模式。

（2）污染控制模式。污染控制模式亦称为环境工程模式或末端治理模式。该模式即在法规允许的范围内进行生产，须为废水建造废水处理站，为废气安装除尘脱硫装置，为固体垃圾配置焚化炉或填埋场，最终满足达标排放的要求。在现阶段，许多国家和地区的经济发展模式仍然以生产过程的末端治理为主。其理论依据是前期主要是庇古的外部效应内部化理论，提出通过征收庇古税来达到减少污染排放的目的；后期主要是科斯定理，指出只要产权明晰，就可以通过谈判的方式来解决环境污染问题，并且达到帕累托最优。再后来，又兴起了环境库兹涅茨曲线理论，认为环境污染与人均 GDP 之间存在着倒 U 形关系，当人均 GDP 达到某一个阶段，环境问题会迎刃而解；还有环境资源交易系统的最大最小理论等。这些理论为早期的环境经济学研究提供了理论分析的基础，即"污染者付费原则"的确定。这一方式曾经对于遏止环境污染的迅速扩展发挥了历史作用。但是，从资源短缺到资源枯竭的现状不难看出，末端治理模式的理论基础已经无法再支撑起现实分析的框架。末端治理模式是从人类的利益出发，维护人的价值和权利就成为人类活动的最根本的出发点和最终的价值依据，而不顾及对其他物种的伤害。所以，无论是庇古税，还是科斯定理；无论是环境库兹涅茨曲线，还是环境资源的最大最小理论，都是人类中心主义伦理观在不同时期的理论抽象，在一定程度上对环境恶化、资源枯竭起到了推波助澜的作用。

（3）污染预防模式。污染预防模式即清洁生产模式，清洁生产的最高目标是实现工业的生态化，亦按照生态原则组织生产。首先从改革工艺、消除废料做起，进一步提高能效、降低物耗，使生产过程及产品与环境相容，将资源利用的开环过程变为闭环过程，直至调整工业系统内部的结构关系，以谋求社会和自然的最佳状态，并将这种最佳状态加以保持。清洁生产模式是合理利用自然资源、有效保护生态环境的根本途径，这一模式可使工业生产走上可持续发展的轨道。

（三）环境经济学理论

1. 环境资源的价值

环境资源（environmental resource，ER）又称自然资源，是指自然环境中人类现在和将来可以直接获得并用于生产和生活的物质、能量和条件。广义地讲，自然环境中除了人以外的所有要素都可看做自然资源，但通常只是把它局限于能被人类利用并产生经济价值的自然资源和自然条件，如土壤、水、大气、森林、草原、野生动植物等。

环境资源在经济发展中具有十分重要的地位。经济发展的速度和水平取决于环境资源开发利用的水平，而经济发展或资源开发的过程同时也会使自然系统发生变化。如果变化超越了自然系统的承受力，破坏了自然系统的生态平衡，便会反过来影响经济的发展。长期以来，环境资源一直被看做"取之不尽、用之不竭"的自然物，被错误地认为是没有价值的，从而不加限制地随意取用，造成了环境资源的浪费和枯竭，严重威胁着生态系统的平衡，影响了人类本身的生活质量。

环境资源价值理论是环境经济学的主要理论基础，主要研究环境资源价值观的科学内涵，运用环境资源价值观指导人们的实践活动，对环境资源进行计量，实行有偿使用，将自然资源开发的外部不经济性内化到开发活动中，通过市场和价格机制促使企业节约资源、保护环境。使经济活动的环境效应能以经济信息的形式反馈到国民经济计划和核算的体系中，保证经济决策既考虑直接的近期效果，又考虑间接的长远效果，科学地开发和保护环境资源。

环境资源价值分类方法很多，按其使用价值可分为四类。

第一类为物质资源价值。这类资源以其实体为人类提供服务，包括矿产资源、煤、石油、土地等。

第二类为环境容量资源价值。环境容量（environmental capacity，EC）是指在一定环境质量目标下环境可容纳污染物质的最大量。环境容量也是一种资源，它以同化污染物为人类服务。

第三类为舒适性资源价值。其主要是指优美的自然景观。

第四类为维持性资源价值。这类资源的主要功能是维持生态平衡。

简言之，环境资源价值可划分为两部分：一部分是比较实的、有形的、物质性的"商品价值"，即经济价值；另一部分是比较虚的、无形的、舒适性的"服务价值"，即生态价值与社会价值。

2. 环境容载力理论

由于环境容量是指某一环境对污染物的最大承受限度，因此在这一限度内，环境质量不致降低到有害于人类生活、生产和生存的水平，环境具有自我修复外界污染物所致损伤的能力。

一个特定环境的环境容量的大小，取决于环境本身和污染物的状况。环境的自净作用（物理、化学和生物因素的作用）越强，环境容量就越大，如流量大的河流比流量小的河流环境容量大一些。同样数量的重金属和有机污染物排入河道，重金属容易在河底积累，有机污染物可很快被分解，河流所能容纳的重金属和有机污染物的数量不同，这表明环境容量因污染物而异。

环境承载力（environmental carrying capacity，ECC）又称环境承受力或环境忍耐力，是指在某一时期，某种状态或条件下，某地区的环境所能承受人类活动作用的阈值。了解环境承载力的概念对经济发展和环境保护十分重要，因为不同时期、不同地区的环境和人类开发活动的水平，会影响该地区的社会生产力和人类生活水平以及生存的环境质量。开发强度不够，社会生产力会低下，人类的生活水平也会很低；而开发强度过大，又会影响、破坏环境，反过来会制约社会生产力的发展和人类生活水平的提高。因此，人类必须掌握环境系统的运动变化规律，了解环境承载力，在开发活动中合理控制人类活动的强度尽可能接近环境承载力，但不要超过环境承载力，这样才能既高速发展生产，改善人民生活水平，又不破坏环境，从而实现经济与环境的协调发展。

环境容量强调的是区域环境系统对人类活动排污的容纳能力，侧重体现和反映环境系统的自然属性；环境承载力则强调在区域环境系统正常结构和功能的前提下，环境系统所能承受的人类社会活动的能力，侧重体现和反映环境系统的社会属性，环境系统的结构和功能是其承载力的根源。在区域的发展过程中，环境容量和环境承载力反映的是环境质量的两个方面：前者以一定的环境质量标准为依据，反映的是环境质量的量化特征，即环境质量表现的基础；后者以环境容量和质量标准为基础，反映的是环境质量的质化特征，即环境质量的优劣程度。

环境容载力（environmental capacity and quality）概念的提出主要是源于对环境容量与环境承载力两个概念的有机结合，是环境质量的量化和质化的综合表述。从一定意义上讲，没有环境的容量和质量，就没有环境的承载力，环境的容载力就是环境容量和质量的承载力。环境容载力定义为自然环境系统在一定的环境容量和环境质量支持下对人类活动所提供的最大的容纳程度和最大的支撑阈值。简言之，环境容载力是指自然环境在一定纳污条件下所支撑的社会经济的最大发展能力。它可以看做环境系统结构与社会经济活动相适宜程度的一种表示。

环境容载力具有可调控性，表现为人类在掌握环境系统运动变化规律的基础上，根据自身的需求对环境系统进行有目的的改造，从而提高环境容载力。环境容载力从结构上可分为分量和总量两部分，其中，分量是指大气、水、土壤、生物等环境要素的容量和水、土地、矿产资源要素的承载力；总量是指环境的整体容量和自然资源的整体承载力。环境整体容载力大于各个要素容载力的综合。

3. 环境问题与外部性

外部性理论是环境经济学的理论基础，它有外部经济性和外部不经济性之分。外部不经济性是经济外部性的一种。经济外部性是指一物品或活动施加给社会的某些成本或效益，而这些成本和效益不能在决定该物品或活动的市场价值中得到反映。

庇古在其所著的福利经济学中指出："经济外部性的存在，是因为当 A 对 B 提供劳务时，往往使其他人获得利益或受到损害，可是 A 并未从受益人那里取得经济报酬，也不必向受损害者支付任何补偿。"

所谓外部经济性是指某种活动对周围事物造成良好影响，并使周围的人获益，但行为人并未从周围取得额外的收益。例如，植树造林，可改善当地生态环境，使农作物等受益。又如，某饭店附近有一旅店，旅店开业后，由于旅客的增加，饭店生意兴隆，旅店开业对饭店就有外部经济性。

外部不经济性则是指某项事物或活动对周围环境造成不良影响，而行为人并未为此付出任何补偿。例如，一条河流的下游有一饮料厂，饮料厂以河水为原料进行生产。后来，在河流的上游兴建了一家造纸厂，造纸厂排放的废水使河流水质受到污染。下游的饮料厂因河水污染而必须额外增加一笔水处理费用，同时饮料的质量也可能下降，即上游造纸厂对下游饮料厂存在外部不经济性。

在现实生活中，经济外部性大量存在，其中主要是外部不经济性，而外部经济性则较少。环境污染就是一种典型的外部不经济性活动。其外部不经济性表现为居民生活质量下降、疾病发病率上升、农产品产量与质量下降、设备折旧加快、旅游收入减少、房地产价值下跌等。

4. 环境质量的公共物品理论

（1）环境质量是公共物品。私人物品即具备消费竞争性及消费排他性的物品。公共物品即具备消费无竞争性或消费无排他性的物品，如大气质量、生物多样性、臭氧层、水环境质量、区域声环境等。由于公共物品无明确的产权，每个人都可以根据自己的费用决策原则使用环境资源，并排放废弃物，造成环境资源的数量和质量下降，社会资源浪费严重。

（2）环境质量有供求关系：①环境质量的需求。例如，清洁的水源可使企业免去生产工艺中对水的预处理所造成的额外费用。该例说明环境质量的市场需求是存在的，至于价格可用支付意愿法和补偿意愿法来确定。②环境质量的供给。供给方式可由市场和政府来确定。

二、注重实践体系的探索与建立

围绕清洁生产，初步探索出清洁生产的着力点和体系，主要包括以下几方面。

（一）能源清洁化

能源清洁化就是利用对二氧化碳排放量比较低、对环境影响比较小、对气候没有太大影响的能源来替代传统的高排放能源。科学家将低碳能源主要分为两大类。第一类是清洁能源，主要包括天然气、核能等能源。核能最大的特点是高效，只要科学使用就不会污染环境，是一种清洁优质的能源，在发达国家已经得到广泛使用，人类已经积累了一定的使用经验，并具有一定的风险防范能力。和煤炭、石油等能源相比，天然气具有发热量高、燃烧充分且燃烧后无残留等优势，但天然气存在的问题是地球上储量有限，且分布不均衡。第二类是可再生能源，主要包括太阳能、风能、生物质能等。可再生能源的最大特点是可再生，可以无限制地重复性使用，可以实现二氧化碳的零排放，是人类社会可持续发展最重要的能源，目前存在的问题是其在地球上分布不均衡，使用技术还需要进一步提高。生物质能源是指对传统植物秸秆的高效科学利用，具有"碳中和"效应，对解决生产剩余物具有积极意义。

因此，要实现能源清洁化，关键是要在能源投入上进行防控，并利用现代科学技术实现能源利用效率的提高。

（二）生产过程清洁化

从整个碳排放的历史来看，二氧化碳的排放主要来源于工业生产。生产过程清洁化就是要在工业生产过程中尽量降低二氧化碳的排放，从而有效地降低空气中的碳浓度，不使全球气候变暖。工业低碳化主要是在生产过程中注重能源投入的低碳化，在生产过程中尽量减少二氧化碳的排放，实现能源的充分利用和注重能量的回收再利用，实现生产过程清洁化。

生产过程清洁化包括以下四个方向：①产业结构低碳化。降低高能耗的第一、第二产业比重，注重发展低能耗的第三产业，实现产业结构的低碳化。尤其是当前的能耗消耗环节，对能耗大、污染重的产业进行调整，通过减少产量和对产品循环利用来实现产业结构的低碳化。②生产过程低碳化。在生产制造过程中，结合生产提高能源的利用效率，降低二氧化碳的排放，综合考虑环境的影响和能源的使用效率，注重生产流程全过程的低碳化，从每一个具体环节抓起，在整个生产流程中，优化流程设置，注意绿色生产技术的推广和使用。③注重循环使用。改变传统生产模式粗放的特点，重视循环回收再利用，不同地方结合地方产业特征，充分发挥循环经济效果，提高资源的利用效率，提高废弃物的回收利用率，减少对大自然的排放。④工业管理节能。在整个工业生产和物流过程中，注重能源消耗与利用的管理，充分利用清洁能源和可再生能源来为生产提供动力，在物流过程中，注重发挥水能、风能、潮汐能的作用，最大限度地降低能源的投入，尽可能降低二氧化碳的排放。

（三）农业生产的清洁化

农业生产的清洁化是从生态经济系统结构合理化入手，通过实施工程措施与生物措施强化生物资源再生能力，通过改善农田景观及建设农林复合生态系统使种群结构合理多样化，恢复或完善生态系统原有的生产者、消费者与分解者之间的链接，形成生态系统良性循环结构及物质循环利用。它要求把发展粮食与多种经济作物生产，发展大田种植与林、牧、副、渔业，发展大农业与第二、三产业结合起来，利用传统农业精华和现代科技成果，通过人工设计生态工程，协调发展与环境之间、资源利用与保护之间的矛盾，形成生态上与经济上的两个良性循环，实现经济、生态、社会三个效益的统一。

（四）工业生产清洁化

从一般意义上讲，工业生产清洁化意味着环境友好的工业体系，是与自然生态系统协调发展的工业生态系统。从产品层面看，它是产品生态设计，是环境友好产品；从技术层面看，它是清洁生产技术开发，是生态技术的转让与扩散；从企业层面看，它是厂内单元操作清洁生产技术改进，是厂内副产品回收，是企业环境友好管理；从一定区域层面看，它是复合型生态企业，是企业间副产品的交换网络，是生态工业园区；从行业角度看，它是行业结构调整的生态化转向；从国家角度看，它又是国家循环经济体系的基石。狭义上，清洁工业专指与传统高碳工业相对的工业形态。在这一意义上，清洁生产工业按照工业生态学原理进行组织，基于生态系统承载能力，具备高效的经济过程及和谐的生态功能，具有网络化和系统进化特征。它通过两个或两个以上的生产体系或环节之间的系统耦合，使物质、能量多级利用、高效产出与持续利用。发展清洁生产工业，就是要从工业生产源头到生产过程再到产品全部低碳化。采用清洁能源，实施清洁生产，最后产出低碳绿色产品。使整个工业产业发展与环境承载、能源约束相适应。

传统高碳工业社会的产业结构中，经济增长严重依赖第二产业，这样造成了传统工业的高资源和能源消耗、高环境污染的低水平重复建设，而缺少低污染或无污染的高新技术产业。如果不改变传统的产业结构，环境污染、能源危机等社会问题就在所难免。所以，必须通过运用低碳产业改造传统工业，推行清洁生产技术和工艺，降低传统工业的物质消耗和污染排放。通过两个或两个以上的生产体系或环节之间的系统耦合，使物质、能量能多级利用、高效产出，资源、环境能系统开发、持续利用。企业发展的多样性与优势度、开放度与自主度、力度与柔度、速度与稳定达到有机的结合，污染负效益变为经济正效益。

（五）服务业发展的清洁化

服务业发展的清洁化涵盖一切服务于清洁经济发展，为实现清洁生产目标提供节能减排的服务，如低碳技术研发、低碳解决方案、碳汇服务等。其服务内容包括低碳技术服务、低碳金融服务、低碳综合管理三大块，涉及农业、工业、商业、建筑、市政和公共机构、居民生活等领域。其服务机制具有多样性，如国际上的碳交易机制：国际排放贸易机制（international emissions trading，IET）、联合履行机制（joint implementation，JT）、清洁发展机制（clean development mechanism，CDM）等；国内能源服务的营销机制：BT（build and transfer，即建设-移交）总承包模式、EMC（energy management contracting，即合同能源管理）模式、EMB（enterprise media bus，即企业媒体总线）分期付款模式、节能设备融资租赁方式等。

清洁技术服务业可以更加合理地评价政府政策的成本、机会成本、创新的延期、政策的敏感性及国际上的技术外溢等。根据产业内的循环体系，清洁技术服务不仅包括清洁生产新产品设备的生产、制造技术的研发，如新能源、新材料技术，减排设备专利技术等，还包括生产、生活过程中节能改造技术、设备更新技术、能效提高技术、能源转换与替代技术，以及末端处理的碳捕捉、碳封存技术的研发、应用与监测。

三、初步建立起具有中国特色的清洁生产评价体系

1992 年 6 月在里约热内卢联合国环境与发展大会上，清洁生产被正式确认为是可持续发展的先决条件，被视为工业界达到环境改善的同时保持竞争性及可营利性的核心手段之一，并被列入其行动纲领《21 世纪议程》。我国政府编制了《中国 21 世纪议程》，规定了我国可持续发展的整体目标，制定了实施可持续发展的战略步骤。1993 年 10 月召开的第二次全国工业污染防治会议对我国工业污染防治提出了由末端治理转向生产全过程控制、推行清洁生产的战略方针；2002年全国人大通过《中华人民共和国清洁生产促进法》，该法的实施标志着清洁生产有了施行的法律依据，从法律角度上真正实现了经济效益和环境效益的统一。随着清洁生产相关法律的颁布，其相关的评价指标体系也逐步完善。

我国的清洁生产评价指标体系是在原有的环境质量和污染削减指标体系的基础上加入原材料、能源消耗、综合利用等生产领域指标，以及管理领域指标和与

环境产品有关的指标建立起来的。清洁生产指标体系根据清洁生产的含义横向分为技术经济指标、环境领域指标和管理领域三类指标，根据清洁生产全过程控制的要求从纵向划分为源头控制、生产过程控制和产品控制三类指标。源头控制指标体系中包括原料、动力、能源、资源等控制指标；生产过程控制指标体系中包括污染控制、回收利用、废物弃置和劳动安全卫生等指标；产品控制指标体系中包括产品性能、包装、运销、包装回收利用、报废产品弃置等指标。在台湾地区常用的清洁生产指标还提到了危害性指标，根据物质的数量和物质的毒性来综合反映物质的危害性。

国内目前常用的清洁生产评价方法主要如下：国家环境保护总局"十五"攻关课题提出的适合轻工行业的百分制清洁生产评价方法；陆长清和曾辉（1999）、靳敏和贾爱娟（2001）提出的综合指数评价方法；魏宗华（2000）提出的工业企业清洁生产评估方法等，其指标体系和评价方法见表1-4。其他的清洁生产评价方法还有雄文强等（2002）提出的生产清洁度评价，以及杨志山和蒋文举（2002）提出的清洁生产潜力评价。国内学者运用数学方法对清洁生产评价模型做了许多有益的探讨，有模糊评价法、层次分析法等。随着清洁生产工作的开展以及国外环境保护思想的引入，国内许多学者对清洁生产相关领域（绿色工艺、绿色产品、绿色化学等）做了大量研究，如黄纯敏等（2001）提出的绿色制造评价，杨建新等（2001）针对中国环境影响和资源消耗提出的产品生命周期影响评价，刘志峰和许永华（2000）提出的绿色产品评价。国内常用清洁生产评价方法见表1-4。

表1-4　国内常用清洁生产评价方法

评价方法	指标体系特征	数学模型	权重方法
轻工行业清洁生产评价方法	从产品生命周期全过程选取原材料、产品、资源和污染物产生四大类指标	百分制	专家打分法
综合指数评价方法	从清洁生产战略思想和内涵选取资源、污染物产生、环境经济效益和产品清洁四类指标	兼顾极值计权型综合指数；评估对象与类比对象指数比值求和	算数平均
工业企业清洁生产评价方法	根据生产工序选取设备、能耗、物质成分含量、原料利用率、水重复利用率、废物利用率、污染物排放合格率指标	综合指数：评估对象指数与指标项目数之比	无

续表

评价方法	指标体系特征	数学模型	权重方法
生产清洁度评价	包括消耗系数、排污系数、无毒无害系数、职工健康系数、资源化系数指标	权重求和	专家打分法
清洁生产潜力评价	包括工艺指标、技术经济指标、管理指标和环保指标四类指标	模糊评价法	层次分析法

针对评价指标中定性指标不好确定的问题，近些年来陆长清和曾辉（1999）、魏宗华（2000）对清洁生产定量评价指标体系做了许多研究，提出了综合指数评价方法；靳敏和贾爱娟（2001）对综合评价指数法中企业清洁生产等级的确定做了进一步探讨。在综合指数评价模型中，评价模型不仅可描述类别和单项评价指标是否高于类比项目的指标，还可以根据具体原因，调整工艺路线和方案，使之达到类比项目的先进水平；而且综合评价指数可定量地综合描述企业清洁生产实际的整体状况和水平。魏宗华（2000）提出的指标体系适于具体行业具体评价对象，不具有普适性。从指标体系上看，还可丰富和完善，更充分地体现清洁生产的内涵。熊文强和姚文宇（1999）提出的清洁生产评价可表征企业整体在某时期与国内外先进水平或理论水平相比较而言的清洁化生产的相对程度，但在权重确定方法上仍然存在主观性强的问题。

目前，国内常选用的清洁生产分析法主要有指标对比法和分值评定法。

1. 指标对比法

用我国已颁布的清洁生产标准或国内外同类装置清洁生产指标，对比分析评价项目的清洁生产水平。

（1）单项评价指数法。单项评价指数是以类比项目相应的单项指标参照值作为评价标准计算得出的，计算公式为

$$Q_i = \frac{d_i}{a_i}$$

式中，Q_i 为单项评价指数；d_i 为目标项目某单项指数对象值（设计值）；a_i 为类比项目某项目指标参照值。

（2）类别评价指数。类别评价指数是根据所属各单项指数的算术平均计算得出的。计算公式为

$$C_j = \frac{\sum Q_i}{n}$$

其中，$i=1,2,3,\cdots,n$；$j=1,2,3,\cdots,m$；C_j 为类别评价指数；n 为该

类别指标下设的单项个数。

（3）综合评价指数。为了综合描述企业清洁生产的整体状况和水平，克服个别评价指标对评价结果准确性的掩盖，避免确定加权系数的主观影响，可采用一种兼顾极值或突出最大值型的计权型的综合评价指数。

2. 分值评定法

分值评定法也称百分制评价方法。首先对各项指标按照等级评分标准分别进行打分，若有分指标则按照分指标打分，其次分别乘以各自的权重，最后累加起来得到总分数。通过总分值和各项分指标分值，可以判定建设项目整体所达到的清洁生产程度和需要改进的地方。

四、论证清洁生产的科学性和发展的必要性

气候变暖和二氧化碳的排放已经成为全球性的问题，要解决该问题，必须全球联合，单靠单个国家难以解决。1997 年在联合国的主持下，以解决二氧化碳排放为核心议题的《京都议定书》出笼，世界主要国家试图形成联合遏制二氧化碳过度排放的体制。2007 年发布《巴厘岛路线图》，各国希望能形成一个二氧化碳减排目标实现的时间表。科学家认为，当温室气体中 CO_2 的浓度超过 550ppm 时，会导致全球气候和生态环境发生根本性的改变，甚至频繁出现灾难性气候。化石能源有限，开发替代性的能源和清洁生产技术要全球联合攻关，并形成成果共享机制。化石能源储存有限且不可再生，价格长期趋势走高，对化石能源的高效使用、清洁开发、节约利用具有现实的必要性，考虑到环境的影响，需要大力发展可再生能源，如太阳能、风能、生物质能、潮汐能等。

要实现建立在化石能源基础之上的传统工业经济向低碳经济转型不仅成本高昂而且难度比较大。一是经济发展模式转化过程中的沉淀成本和新建成本巨大。传统经济发展是建立在化石能源的利用和开发基础上的，与此相匹配的基础设施和设备已经形成巨大的沉淀成本，要建立与新的低碳经济相适应的基础设施，不仅意味着原来沉淀成本的废弃，还意味着必须投入新的成本建立与之相适应的基础设施，这需要巨大的财力投入。二是结合新能源的需要进行技术研发，并对传统的生产模式和流程进行改造，提高能源的利用效率并减少二氧化碳的排放，这需要巨大的技术研发投入。三是开发新能源，包括风能、太阳能、地热能、核能等都需要进一步的投入和技术创新研发，其投入是非常巨大的。而基础设施建设和使用的周期一般在 40～50 年，在第二次世界大战后的 20 世纪 60 年代形成的基础设施目前正处在更新换代周期，如果我们能把握这次机遇，还是有突破发展的可能的。

清洁生产具有科学性。刘思华（2002）在研究清洁生产与可持续发展关系时指出，清洁生产不仅要实现生产过程的无污染或少污染，而且生产出来的产品在

使用和最终报废处理过程中，应不对人类生存环境造成损害。同时在生产过程的每一环节，以最小量的资源和能源消耗，使污染的产生降到最低程度。因此，清洁生产是一种低消耗、高产出、无污染或少污染，实现经济效益、社会效益、环境效益相统一的生产方式，是人类在长期经济社会发展过程中寻找到的在持续发展经济的同时保护生态环境和合理利用资源的有效途径，体现了可持续发展的战略思想，是现代企业可持续发展经济的最佳模式。熊文强等（2002）的研究也显示，清洁生产的理论基础是可持续发展理论，体现在废物与资源转化理论（物质平衡理论）上，最好地体现了资源利用最大化、废物产生最小化、环境污染无害化。张凯和崔兆杰（2005）认为，清洁生产实际上是解决如何满足特定生产条件下使其物料消耗最少而产品产出率最高的问题，这一问题的理论基础是数学上的最优化理论。当今世界的社会化、集约化大生产和科学技术进步，为清洁生产提供了必要条件，找到了使原来不能利用的废物生产出有用的产品或使生产过程不再有废物产生的途径，体现了清洁生产的理论基础是科学技术进步的理论。

　　清洁生产的推进是一项系统工程，需要动员全社会的力量。清洁生产在系统控制理论的指导下，由一系列措施组合成为内涵不断发展的系列模式。因此，清洁生产是一项系统工程，清洁生产管理也是一个十分复杂的综合性技术与管理（王守兰等，2002）。根据国内外的研究成果与实践，清洁生产管理模式的构建必须根据各个企业的条件和需要，按照管理系统的生成规律，采取不同的组合方式，设计不同功能作用的管理系统，满足不同企业的管理要求，可以实现企业管理模式的多样化发展。清洁生产管理模式要求全民投入，政府支持，部门和企业共同努力去构建。从某种意义上讲，清洁生产作为一种新的环境策略和现代工业发展模式，在我国尚未大规模推广（王守兰等，2002）。我国当前还处于以强化运行管理和部分过程设计为特征的初级阶段，需做好以下工作：转变观念，树立清洁生产意识，完善清洁生产法规，调整产业政策和工业结构布局，加快清洁生产技术的开发与利用，强化清洁生产标准化管理，加强清洁生产的相互协调，编制各行业清洁生产指南，加强清洁生产的教育和宣传，确定清洁生产的研究、开发、示范和推广的优先领域，加大国家财政支持力度，建立完整的清洁生产数据库和信息系统。

　　因此，发展清洁生产技术是当前中国经济转型发展的重大战略性问题，需要从对民族未来负责的高度出发，注重体制建设与技术发展，避免单独从发展清洁生产技术出发进行，要将发展清洁生产技术贯穿于产业结构转型升级中，特别是在国内基础条件比较好的地区进行探索，形成具有推广意义的经验，在国内其他地区形成示范，带动全国性清洁能源技术的发展。

第二章

武汉推行清洁生产的现实紧迫性

2010 年 8 月 18 日，国家发展和改革委员会（简称国家发改委）在北京启动国家低碳省区和低碳城市试点工作，湖北非常荣幸地成为我国首批 5 省 8 市低碳试点地区之一。这是继武汉城市圈获批"两型社会"综合改革试验区和东湖高新获批国家级自主创新示范区之后，又一件关系湖北长远发展的大事，也是武汉建设国家中心城市，探索可持续发展道路的重要经验。武汉如何在"先行先试"中率先探索低碳经济的发展模式，如何利用这次重大机遇促进清洁生产的发展，积累可以值得推广和借鉴的经验，不仅关系到武汉城市圈建设"两型社会"，而且关系到中华民族长治久安和可持续发展，更是"敢为人先，追求卓越"的武汉精神的体现。

第一节　国内清洁生产发展的现实压力

在对可持续发展的关注和对人类未来终极关怀的背景下，围绕清洁生产体系的发展，我国初步形成了具有中国特色的清洁生产体系，武汉的清洁生产也是在这一大背景下展开的，因此，武汉的清洁生产是在国内发展趋势的影响下，结合武汉的区域实际建设的具有特色的生产发展体系。总体来说，国内的清洁生产体系的建设围绕以下几个方面展开。

一、以相应计划引领清洁生产发展

为了减轻全球气候变化的影响及国内大气污染的程度，满足人民群众过上美好生活的愿望，考虑到清洁生产投入大、见效周期长、回报率相对有限的不足，我国政府通过制定相关的计划和法律，形成有效的激励措施来弥补市场的失灵，推动了清洁生产的发展。

在20世纪的最后25年间，在科学技术部（简称科技部）的领导下，我国制订了一系列促进可再生能源技术的研究和发展的计划，形成了清洁生产技术发展的政策框架，并指引清洁生产技术向前发展。与清洁生产有关的研究与发展计划包括以下几项。

（1）关键的技术研发计划：这一计划开始于1982年，是改革初期为了缩小我国与世界先进技术的差距，解决经济和社会发展中的重大科学和技术问题，并指引国内重大前瞻性科技研发创新而进行的。这是我国第一个全国性的研究与发展计划，这一计划最先提出了要重视清洁生产技术，要大力支持环境污染控制以及能源和水资源有效利用的技术创新，有力推进我国清洁生产技术积累。

（2）"863计划"。"863计划"即"国家高科技发展计划"，因为是1986年3月制订的，所以又名"863计划"，是我国目前发展技术范围广泛的技术规划。该计划的重点是推动战略性高科技部门的创新，以使我国在世界市场上获得立足之地。该计划在设立初期的目标是使我国不依靠举债获取外国技术，使研究努力多元化，借助资金的投入促进我国重大科技创新，从设立初期重视军事和军民两用技术，到目前更多地关注民生重大技术创新，在生物技术、能源等领域取得重大进展，正在发展成为我国重要技术来源，也是清洁生产技术的来源之一。

（3）"973计划"。"国家基础研究计划"的重点在根本的、基础的研究上，补充"863计划"重视应用而基础技术不足的缺陷，它于1997年在国家科学技术委员会的第3次会议上获得通过，故称为"973计划"，能源和可持续发展是"973计划"的主要推行领域，并取得了大量基础性清洁生产技术。

（4）五年计划。根据"863计划"和旨在使我国各行业取得重大技术突破的"国家关键技术计划"，第10个"五年计划"（2001～2005年）、第11个"五年计划"（2006～2010年）、第12个"五年计划"（2011～2015年）都把能源技术和清洁生产技术视为"863计划"的重点，投入大量经费在氢燃料电池、能源效率、清洁煤和可再生能源等领域。尤其是"十二五"规划中，重点部署与绿色能源和清洁生产技术有关的技术创新，并将其作为国家转变发展方式的重要内容，推动技术研发和产业化的发展。

二、以法律规范社会行为

我国制定了多部与清洁生产相关的法律，并在逐步形成一个完整的法律框架，借助法律来促进清洁生产，主要法律如下。

1.《中华人民共和国电力法》

为了推动全社会节约能源，提高能源利用效率，保护和改善环境，促进经济社会全面协调可持续发展，我国在1995年制定了《中华人民共和国电力法》。该法律强调电力建设、生产、供应和使用应当依法保护环境，采取新技术，减少有害物质排放，防治污染和其他公害。国家鼓励和支持利用可再生能源和清洁能源发电。电力发展规划，应当体现合理利用能源、电源与电网配套发展、提高经济效益和有利于环境保护的原则。

2.《中华人民共和国能源节约法》

该法律在2007年10月28日修订通过，自2008年4月1日起施行，由全国人大常委会颁布，旨在指导能源资源的利用，促进能源节约技术，保护环境。总则规定，"节能是国家发展经济的一项长远战略方针"，"国家鼓励、支持节能科学技术的研究和推广"。国务院和省（自治区、直辖市）人民政府应当加强节能工作，合理调整产业结构、企业结构、产品结构和能源消费结构，推动企业降低单位产值能耗和单位产品能耗，淘汰落后的生产能力，改进能源的开发、加工、转换、输送、储存和供应，提高能源利用效率。国家鼓励、支持节能科学技术的研究、开发、示范和推广，促进节能技术的创新与进步。

该法律强调国家鼓励发展下列通用节能技术：①推广热电联产、集中供热，提高热电机组的利用率，发展热能梯级利用技术，热、电、冷联产技术和热、电、煤气三联供技术，提高热能综合利用率；②逐步实现电动机、风机、泵类设备和系统的更有效运行，发展电机调速节能和电力电子节电技术，开发、生产、推广质优价廉的节能器材，提高电能利用效率；③发展和推广适合国内煤种的流化床燃烧、无烟燃烧，以及气化、液化等洁净煤技术，提高煤炭利用效率；④发展和推广其他在节能工作中已证明的技术成熟、效益显著的通用节能技术。

3.《中华人民共和国大气污染防治法》

该部法律经过两次修订，目前使用的是2000年修订的，规定国家采取措施，有计划地控制或者逐步削减各地方主要大气污染物的排放总量；地方各级人民政府对本辖区的大气环境质量负责，制定规划。除了对大气污染防治采取带有共性的监督管理措施之外，还对防治燃煤污染、防治机动车船污染和防治废气、尘和恶臭污染分别用专章做了规定。同时该法律将可再生能源视为防治大气污染的一种方法。鼓励和支持开发、利用"太阳能、风能和水能"等清洁能源技术。

4.《中华人民共和国可再生能源法》

为了促进可再生能源的开发利用，增加能源供应，改善能源结构，保障能源安全，保护环境，实现经济社会的可持续发展，2005年我国制定了《中华人民共和国可再生能源法》，并在2009年进行了修订，通过法律确定可再生能源在清洁生产中的地位。该法律的根本目标是"促进可再生能源的开发利用，增加能源供应，改善能源结构，保障能源安全，保护环境，实现经济社会的可持续发展"。强调国家将可再生能源开发利用的科学技术研究和产业化发展列为科技发展与高技术产业发展的优先领域，纳入国家科技发展规划和高技术产业发展规划，并安排资金支持可再生能源开发利用的科学技术研究、应用示范和产业化发展，促进可再生能源开发利用的技术进步，降低可再生能源产品的生产成本，提高产品质量。通过制定可再生能源开发利用总量目标和采取相应措施，推动可再生能源市场的建立和发展。该规则的"指导思想"宣称，"把发展可再生能源作为全面建设小康社会和实现可持续发展的重大战略举措，加快水能、风能、太阳能和生物质能的开发利用，促进技术进步，增强市场竞争力，不断提高可再生能源在能源消费中的比重"。

根据我国 2007 年制定的《可再生能源发展中长期规划》，我国明确可再生能源包括水能、生物质能、风能、太阳能、地热能和海洋能等，资源潜力大，环境污染低，可永续利用，是有利于人与自然和谐发展的重要能源。提出力争到 2010 年使可再生能源消费量达到能源消费总量的 10% 左右，到 2020 年达到 15% 左右。积极推进可再生能源新技术的产业化发展，建立可再生能源技术创新体系，形成较完善的可再生能源产业体系。到 2010 年，基本实现以国内制造设备为主的装备能力。到 2020 年，形成以自有知识产权为主的国内可再生能源装备能力。

三、以相应激励弥补市场不足

我国清洁生产激励措施支持包括补贴、税收政策、定价机制和绿色生产的奖励计划。补贴支持延伸到项目的营业间接成本（即政府可再生能源机构的管理、运作和其他费用）、可再生能源技术研究和发展，以及省或地方的电气化项目。税收激励可来自中央或地方政府，可能是针对特定技术。可再生能源的补贴费用由中国所有电力使用者承担，电力消费者根据消费者类别支付电费。这种附加费最初基于煤与可再生能源之间的增量价差，这种费用转交给经营电网并且必须从项目开发商那里购买可再生能源的电力公司。2013 年对电力工业用户征收的附加费翻了一番。

随着技术能力的提高，我国更多地使用自己的工业能力满足国内清洁能源需求，更少地依靠进口设备。利用一系列激励、补贴和采购政策鼓励这样的发展。利率低至 2% 的银行贷款使可再生能源项目的融资成为可能。2005 年，国家发改委《关于风电建设管理有关要求的通知》正式对可再生能源项目采用了国产化规则，至少有 70% 的风电设备需要在中国生产。

中国可再生能源项目的资金激励措施来自于国家和省市政府。根据"金太阳工程"计划，中央政府为太阳能电力项目提供 50％的投资补贴。农民和生物燃料生产商可以享受对非粮食来源的生物燃料生产的激励。2006 年的乙醇产量是156 万吨，相比之下，生物柴油的产量是 19 万吨，对乙醇的补贴达到 8 亿元。在 2008 年应对金融危机中，中国政府为环境保护和节能拨款 2 100 多亿元（约310 亿美元），占其整个经济刺激一揽子计划的 5.3％。

第二节　武汉能源消费的现实压力

　　武汉曾是我国重要的老工业基地，也是现代工业文明的示范基地，更是现代商业和服务业发展的聚集地。2007 年 12 月 14 日，武汉城市圈被国家发改委批准为"资源节约型、环境友好型社会建设"综合配套改革试验区。建设资源节约型社会，是指在经济、政治、文化、社会各方面，特别是在生产、流通、消费等领域，通过采取法律、经济和行政综合措施，降低资源消耗强度，提高资源利用效率，以最少的资源获取最大的经济和社会效益。

一、经济发展迅猛导致清洁生产压力巨大

　　2012 年武汉市全年地区生产总值为 8 003.82 亿元，按可比价格计算，比上年增长 11.4％。其中，第一产业增加值为 301.21 亿元，增长 4.5％；第二产业增加值为 3 869.56 亿元，增长 13.2％；第三产业增加值 3 833.05 亿元，增长10.0％。第一、二、三产业比重为 3.8∶48.3∶47.9，与上年相比，第一产业上升 0.8 百分点，第二产业上升 0.2 百分点，第三产业下降 1.0 百分点。从比重上看，第二产业仍然占据产业发展的主导地位，尤其是重工业总产值高达 7 050.96亿元，重工业比重较高。从 1999～2012 年的增长态势来看，武汉市 GDP 从1999 年的 1 085.68 亿元增长到 2012 年的 8 003.82 亿元，年均增速达 16.61％，尤其是 2004 年以来武汉市经济增长进入快车道，生产规模快速扩大。而占据重要地位的第二产业则从 1999 年的 478.39 亿元增长到 2012 年的 3 869.56 亿元，年均增速为 17.45％，快于总产值的增长速度（图 2-1）。

　　自从武汉市"工业倍增"计划实施以来，工业发展突飞猛进，2008 年到2012 年规模以上工业增加值实现翻番。2013 年，全市规模以上工业产值突破万亿元，全年完成工业总产值 10 394.07 亿元，比上年增长 18.0％；规模以上工业增加值 3 113.30 亿元，增长 11.7％。规模以上工业企业达到 2 164 户，比上年增加 257 户。产值过百亿元的企业达到 15 户，比上年增加 3 户。产值过千亿元的产业达到 6 个，比上年增加 1 个，其中，汽车行业产值 2 069.58 亿元，成为武汉市首个突破两千亿元的产业；装备制造产值 1 480.09 亿元；电子信息产值

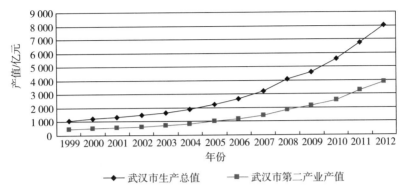

图 2-1　1999～2012 年武汉市生产总值及第二产业产值增长情况

1 418.99 亿元；食品烟草产值 1 210.22 亿元；能源环保产值 1 005.01 亿元；钢铁行业产值 1 003.24 亿元。尤为可喜的是，钢铁行业 2012 年克难奋进，重回千亿元产业行列。两大开发区继续快速增长，规模以上工业产值突破 4 千亿元，共计 4 167.33 亿元，占全市比重为 40.1%。其中，武汉开发区完成产值 2 361.31 亿元，增长 22.7%；东湖开发区完成产值 1 806.02 亿元，增长 20.0%。新城区规模以上工业产值超过 3 千亿元，达到 3 805 亿元，其中，5 个区产值过 500 亿元，分别是江夏区 963.89 亿元，东西湖区 801.83 亿元，蔡甸区 722.49 亿元，新洲区 592.02 亿元，黄陂区 527.73 亿元。按计划目标，2016 年全部工业总产值要突破 2 万亿元，2019 年要突破 3 万亿元，工业超速发展将成为未来几年的常态。

　　而我国排放的各种废气已经超过自然界的自净能力。2012 年，全国废气中二氧化硫排放总量达 2 117.6 万吨，氮氧化物排放总量达 2 337.8 万吨。监测的 466 个市（县）中，出现酸雨的市（县）有 215 个，占 46.1%；酸雨频率在 25% 以上的有 133 个，占 28.5%；酸雨频率在 75% 以上的有 56 个，占 12.0%（环保部，2013）。因此，高速发展的武汉经济，在清洁生产技术水平有限的背景下，重化工业比重偏大，尤其是汽车和钢铁两大高能耗产业都是武汉的支柱产业，因此清洁生产压力巨大。

二、碳排放的压力与能源供给压力巨大

　　武汉市属于偏重型经济结构，能源资源消耗量大，同时又面临着"缺煤、少油、乏气"的天然制约，各类能源对外依存度极高。煤炭的对外依存度达到 100%，电力为 48%，成品油为 100%，天然气为 100%，其他能源高达 80%。"十一五"时期，全市化石能源消费总量持续增长，从 2005 年的 3 079 万吨标准煤，增长到 2010 年的 4 785 万吨标准煤，年均增长 9.22%。能源使用效率有一

定提高，2010 年，全市单位地区生产总值能耗为 1.06 吨标准煤/万元，较 2005 年的 1.36 吨标准煤/万元，累计下降 22.06%。从全市能源消费结构看，2005 年到 2010 年，煤炭的消费比重从 69.53% 下降到 65.12%，成品油从 19.63% 增长到 20.12%，电力从 6.9% 增长到 9.08%，燃气从 1.37% 增长到 2.81%，其他能源消费占比从 2.57% 增长到 2.87%，能源消费结构有一定程度改善。

据武汉市环保局的相关统计，全市能源利用二氧化碳排放量在 2005～2010 年呈逐步上升趋势。其中，2005 年，武汉市能源利用二氧化碳排放总量为 7 563.1 万吨，单位地区生产总值二氧化碳排放量为 3.38 吨/万元，人均二氧化碳排放量为 8.81 吨。2010 年，武汉市能源利用二氧化碳排放总量为 10 288.39 万吨，单位地区生产总值二氧化碳排放量为 2.31 吨/万元，人均二氧化碳排放量为 10.50 吨。当前，武汉市主要的碳汇来自于土地利用变化和森林生态系统建设，2010 年武汉市森林蓄积量为 619 万立方米，约吸收 179.51 万吨二氧化碳。根据武汉市的环保规划，到 2015 年，全市单位地区生产总值二氧化碳排放量比 2010 年下降 20%，比 2005 年下降 45% 左右，单位地区生产总值能耗比 2010 年下降 18%，非化石能源占全社会能源消费的 8% 以上，森林覆盖率达到 28%。到 2020 年，基本建立以低碳排放为特征的现代产业体系，高新技术产业和现代服务业占比继续提高，单位地区生产总值二氧化碳排放量比 2005 年下降 56% 左右，非化石能源占全社会能源消费的 10% 以上。2020 年，武汉市能源利用二氧化碳排放量达到峰值，能源利用消费总量控制目标为 7 700 万吨标准煤，能源利用二氧化碳排放总量控制目标为 16 000 万吨。

近年来，能源问题日益成为国家生活乃至全社会关注的焦点，成为制约经济社会可持续发展的瓶颈。一方面，我国能源资源短缺，常规化石能源可持续供应能力不足。据统计 2010 年，油气人均剩余可采储量仅为世界平均水平的 6%，石油年产量仅能维持在两亿吨左右，常规天然气新增产量仅能满足新增需求的 30% 左右，煤炭也在超强度开采中趋于枯竭。另一方面，我国能源需求过快增长，对外依存度高。石油对外依存度从 20 世纪初的 26% 上升至 2012 年的 58%。与此同时，我国油气进口来源相对集中，进口通道受制于人，远洋自主运输能力不足，金融支撑体系亟待加强，能源储备应急体系不健全，应对国际市场波动和突发性事件能力不足，能源安全保障压力巨大（国务院，2013）。此外，资源利用率低，单位能耗过高。据相关统计，中国 2010 年每万美元的 GDP 增量所消耗的矿产资源是日本的 7.1 倍，是印度的 2.5 倍，能源消耗量是世界水平的 3 倍。

而包括武汉在内的湖北在能源供给上存在"缺煤、少油、乏气"现象，面临高能耗的压力和能源供应严峻形势，迫使武汉不得不在清洁生产上寻求突破。

三、武汉市能源使用效率不高

(一) 武汉市能源使用效率整体现状

能源利用效率直接反映了生产过程中能源的利用效率，一般用每万元产值能源消耗量来表示，每万元产值的能耗越低，能源利用效率越高，清洁生产程度越高，反之亦然。2011 年武汉市万元 GDP 产值消耗标准煤 0.82 吨，较 2005 年的 1.36 吨下降了 39.71%，能源消耗量明显低于湖北省平均水平 (0.912)，但明显高于浙江省 0.590 的平均水平，更高于北京市 0.430 的平均水平。工业生产能源利用方面，从图 2-2 可以看出，武汉市工业能源生产利用效率总体呈现较为明显的提升态势，平均每万元工业产值消耗能源量从 1995 年的 2.78 吨下降至 2011 年的 0.27 吨 (图 2-2)，下降幅度达 90.29%，年均下降率为 13.56%。2011 年武汉市的能耗水平甚至明显低于发达地区北京市 0.764 的平均水平和上海市 0.889 的平均水平。此外，分别从具体能源生产效率来看，每万元工业产值消耗煤炭、焦炭、原油、燃料油、电力分别从 1995 年的 2.94 吨、0.81 吨、0.60 吨、0.12 吨、1 829 千瓦时分别下降到 2011 年的 0.13 吨、0.09 吨、0.10 吨、0.001 吨、400.00 千瓦时，下降幅度分别高达 95.58%、88.89%、83.33%、99.17%、78.13%，年均下降率分别为 17.71%、12.83%、10.59%、25.86%、9.06% (表 2-1)。

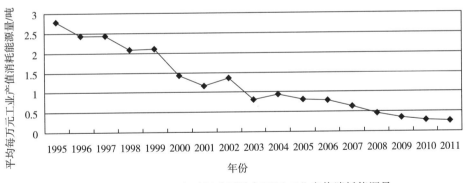

图 2-2　1995~2011 年武汉市平均每万元工业产值消耗能源量

表 2-1　1995~2011 年武汉市平均每万元工业产值消耗能源量

年份	能源总量 (折标煤)/吨	煤炭/吨	焦炭/吨	原油/吨	燃料油/吨	电力/千瓦时
1995	2.78	2.94	0.81	0.60	0.12	1 829
1996	2.42	2.63	0.69	0.57	0.1	1 631
1997	2.43	2.28	0.60	0.55	0.06	1 806

续表

年份	能源总量（折标煤）/吨	煤炭/吨	焦炭/吨	原油/吨	燃料油/吨	电力/千瓦时
1998	2.09	1.98	0.52	0.38	0.04	1 486
1999	2.10	1.55	0.42	0.36	0.02	1 131
2000	1.43	1.50	0.44	0.39	0.02	1 204.87
2001	1.15	1.18	0.32	0.25	0.02	1 016.49
2002	1.35	0.84	0.34	0.28	0.02	794.75
2003	0.82	1.13	0.29	0.23	0.02	733.27
2004	0.94	0.89	0.23	0.22	0.01	1 006.47
2005	0.81	0.99	0.19	0.18	0.01	974.88
2006	0.79	0.88	0.16	0.14	0.01	514.54
2007	0.63	0.74	0.12	0.12	0.01	497.04
2008	0.45	0.58	0.12	0.09	0.004	415.09
2009	0.34	0.33	0.10	0.13	0.002	456.41
2010	0.29	0.28	0.10	0.11	0.001	404.67
2011	0.27	0.13	0.09	0.10	0.001	400.00
年均递减率/%	13.56	17.71	12.83	10.59	25.86	9.06

资料来源：《武汉市统计年鉴 2011》

（二）区域能源使用效率差异较大

从武汉市各区域能源生产效率对比分析来看，单位 GDP 能耗从高到低排序依次为青山区、新洲区、硚口区、江汉区、武昌区、江岸区、汉南区、黄陂区、东西湖区、江夏区、蔡甸区、洪山区、汉阳区，单位 GDP 能耗依次为 2.82 吨标准煤/万元、1.40 吨标准煤/万元、0.91 吨标准煤/万元、0.64 吨标准煤/万元、0.64 吨标准煤/万元、0.63 吨标准煤/万元、0.58 吨标准煤/万元、0.55 吨标准煤/万元、0.46 吨标准煤/万元、0.31 吨标准煤/万元、0.30 吨标准煤/万元、0.28 吨标准煤/万元、0.24 吨标准煤/万元，其中，江汉区、武昌区并列第四位（图 2-3）。从 2011 年武汉市各地区能源生产效率（表 2-2）来看，青山区能耗较其他区明显高出很多，能源生产效率上明显较低，究其原因，主要是青山区为武汉市重化工业基地，也是国家大型冶金、化工企业云集之地，有武汉钢铁、中国第一冶金建设公司、中国石化集团武汉石化工厂、热电厂、船厂等能源消耗大户型企业，进而影响了能源效率，且从其较高单位工业增加值能耗（3.76 吨标准煤/万元）也可以看出，其能源效率不高主要是因为工业能源效率较低所致。从图 2-3 可以看出，单位 GDP 能耗的高低与单位工业增加值能耗具有较为明显的相关性。单位 GDP 能耗较高的青山区、新洲区均具有极高的单位工业增加值能耗。从与上

年的比较来看，单位 GDP 能耗和单位工业增加值能耗除汉南区外，其他地区均较
2010 年有不同程度降低。2011 年汉南区较上年单位 GDP 能耗上升 21.21％，其他
地区较上年降低约 4％；汉南区单位工业增加值能耗较上年上升 20.23％，其他地
区则均有不同的程度的降低，降低程度在 4％～22％，其中东西湖区降低程度最
高，为 21.08％（表 2-2）。在清洁生产势在必行和可持续发展成为重要战略的时代
背景下，汉南区能源生产效率的较大反差变化应该引起高度重视。

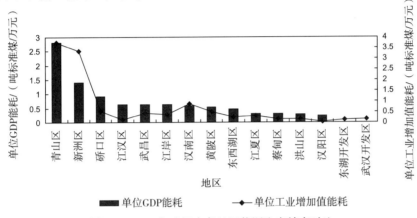

图 2-3　2011 年武汉市各地区能源生产效率对比

表 2-2　2011 年武汉市各地区能源生产效率

地区	单位 GDP 能耗/（吨标准煤/万元）	单位 GDP 能耗上升或下降/±％	单位工业增加值能耗/（吨标准煤/万元）	单位工业增加值能耗上升或下降/±％
江岸区	0.63	−4.20	0.39	−12.94
江汉区	0.64	−4.00	0.12	−4.45
硚口区	0.91	−4.02	0.54	−19.02
汉阳区	0.24	−3.80	0.04	−11.69
武昌区	0.64	−4.20	0.44	11.67
青山区	2.82	−4.63	3.76	−5.11
洪山区	0.28	−4.29	0.15	−13.45
东西湖区	0.46	−4.37	0.24	−21.08
汉南区	0.58	21.21	0.89	20.23
蔡甸区	0.30	−4.04	0.15	−6.67
江夏区	0.31	−4.69	0.32	−17.98
黄陂区	0.55	−4.40	0.51	−15.87
新洲区	1.40	−4.56	3.34	−8.92
东湖新技术开发区	—	—	0.12	−11.54
武汉经济开发区	—	—	0.15	−12.35

资料来源：《武汉市统计年鉴 2011》

（三）生产污染呈现加剧的态势

在城市发展中，生产尤其是工业生产对环境污染越来越严重，环境恶化效应对人们生产生活造成的负面影响已日趋显著。武汉市正处于工业化发展加快推进期和工业化重要转型期，工业污染也较为明显，然而近年来随着发展方式的转变和两型社会的建设，武汉市环境污染有明显改善。2012 年武汉市化学需氧量、氨氮、二氧化硫和氮氧化物四项主要污染物排放总量分别较 2011 年下降5.35％、4.12％、2.49％、7.43％。从 2005～2011 年武汉市污染物排放量的动态来看（表 2-3），2008 年以来废水排放总体呈现较为明显的递减态势，近年来工业废水排放总体也呈现递减态势，表明废水排放得到明显控制。此外，工业固体废弃物综合利用量近年来环比增速均为正，平均增速为 10.37％，表明每年工业废弃物综合利用量增加，工业循环经济规模在显著加大。相比之下，废气排放总量、工业固体废弃物产生量近年来则呈现较为明显的增长态势，随着工业规模的扩大，工业废弃物的产生和排放并未得到有效控制。2006～2011 年武汉市污染物排放量的环比增长情况见图 2-4。

表 2-3　2005～2011 年武汉市环境污染情况

年份	废水排放总量/万吨	工业废水排放量/万吨	废气排放总量/亿标立方米	工业二氧化硫去除率/％	工业烟尘去除率/％	工业固体废弃物产生量/万吨	工业固体废弃物综合利用量/万吨	工业固体废弃物综合利用率/％
2005	65 665.27	26 001.27	2 567.36	25.51	97.85	847.29	769.85	85.36
2006	65 746.34	24 822.11	3 060.35	30.36	98.46	954.31	852.99	88.07
2007	66 283.20	22 810.97	3 049.92	41.13	98.50	922.48	857.64	88.12
2008	78 858.80	22 483.10	4 014.70	46.83	98.54	1 094.49	1 007.13	89.56
2009	78 435.06	22 531.80	4 299.87	48.38	98.59	1 215.05	1 104.81	89.60
2010	78 376.66	22 465.15	4 720.80	64.16	99.55	1 324.84	1 337.27	98.58
2011	76 581.90	23 304.34	6 359.95	59.53	99.35	1 379.65	1 373.83	97.58

废弃物的回收利用率和废弃物排放前的无害化处理程度均能很好地反映清洁生产的状况，甚至是直接体现清洁生产的本质和关键。2012 年烟（粉）尘排放总量为 2.64 万吨，较上年下降 7.04％，其中，工业烟（粉）尘排放总量为 2.03万吨，较上年下降 10.18％，工业烟（粉）尘去除率为 99.34％；机动车烟（粉）尘排放量为 0.50 万吨，较上年增加 4.15％。工业重复用水率为 80.86％。2012年，全市一般工业固体废弃物产生量为 1 382.37 万吨，综合利用量为 1 365.33

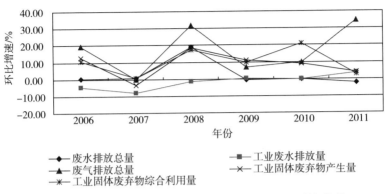

图 2-4　2006～2011 年武汉市污染物排放量的环比增长情况

万吨（含综合利用往年储存量 51.38 万吨），处置量为 61.95 万吨，一般工业固体废弃物综合处置利用率为 99.53％（国务院，2013）。从 2005～2011 年发展态势来看（表 2-3），除工业二氧化硫去除率 2011 年有所下降外，工业固体废弃物综合利用率、工业烟尘去除率均整体上呈现上升态势，且近年来稳定在 90％以上（图 2-5）。2005～2011 年工业二氧化硫去除率、工业烟尘去除率、工业固体废弃物综合利用率年均增长率分别为 15.17％、0.25％、2.25％。

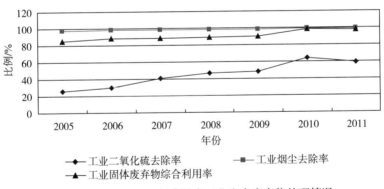

图 2-5　2005～2011 年武汉市工业生产废弃物处理情况

第三节　节能减排的现实压力

　　清洁生产在当前的中国各地区之间的压力并不一样，主要受各地产业结构影响比较大，武汉受其产业结构的特殊性和历史积累因素影响，节能减排推行生产压力巨大。

一、武汉清洁生产压力的外源性

武汉当前的清洁生产压力主要与经济发展和产业结构有关，此外国际社会对CO_2排放和温室效应的担忧也加大了清洁生产的压力。

据国际 Wirtschaftsforum 再生能源组织（Int. Wirtschaftaforum Regenerative Energien，IWR）于 2010 年 8 月 17 日发布的报告，2009 年全球CO_2排放量为 313 亿吨。近年中国CO_2排放已一再位居榜首，2009 年为 74.3 亿吨（2009 年超过美国），2008 年为 68 亿吨。2009 年美国CO_2排放量为 59.5 亿吨，2008 年为 64 亿吨。2009 年俄罗斯CO_2排放量为 15.3 亿吨，2008 年为 17 亿吨。2009 年印度CO_2排放量为 15.3 亿吨，2008 年为 14 亿吨。2009 年日本CO_2排放量为 12.3 亿吨，2008 年为 14 亿吨。

中国工业部门排放约 70% 的温室气体，而中国温室气体排放总量中CO_2占 80% 以上。2004 年中国钢产量为 2.72 亿吨，2006 年为 4.19 亿吨；2004 年排放CO_2约为 6.8 亿吨，2006 年约为 10 亿吨。2005 年中国水泥产量为 10.64 亿吨，2006 年达到 12.2 亿吨。2005 年水泥工业CO_2排放量为 8.67 亿吨，2006 年达到 9.94 亿吨。2005 年全国火电发电量为 20 180 亿千瓦时，排放CO_2约 18 亿吨。2006 年全国火电发电量为 23 573 亿千瓦时，排放CO_2超过 20.5 亿吨。钢铁、水泥和电力行业的CO_2年排放量每年以 15% 的速度增长，危及国家节能减排目标的实现。而当前武汉钢铁行业和火力发电占有重要的地位，在整个国际社会对环境问题日益关注的今天中国承受巨大压力，在向全球做出中国承诺的同时，武汉清洁生产压力可想而知。2008 年奥巴马担任总统的就职演讲中表示："每天都会有新的证据显示，我们利用能源的方式……威胁着我们的星球。"英国的前首相莱斯特·布朗也说过："西方传统的经济模式——以化石燃料为基础、小汽车为中心、一次性产品泛滥的经济——显然在中国是行不通的。……它也不适合其他发展中国家 30 亿个同样做着'美国梦'的人。"

《2014—2015 年节能减排科技专项行动方案》中提出，我国的清洁生产目标是要重点突破煤炭清洁高效加工及利用技术；发展超高参数超超临界发电、燃煤电站CO_2减排与利用技术，节能型循环流化床发电技术，空冷机组、整体煤气化联合循环发电系统辅机节能技术；发展工业过程余热余压综合利用、锅炉余热利用及燃煤污染物控制技术；开发降低输配电网损技术；发展公共机构耗能设备节能及大型数据中心冷却节能技术。湖北的《"十二五"节能减排综合性工作方案》中，结合湖北清洁生产现状提出，把节能减排作为调整经济结构、转变经济发展方式、推动科学发展的重要抓手和突破口，通过采取强化目标责任、优化产业结构、实施重点工程、推动技术进步、加强重点领域管理、强化政策激励、开展全民行动等措施，节能减排工作取得了显著成效。到 2015 年，全省单位生产总值能耗下降到 0.993

吨标准煤/万元（按 2005 年价格计算），比 2010 年的 1.183 吨标准煤/万元下降 16%，比 2005 年的 1.51 吨标准煤/万元下降 34%。"十二五"期间，实现节约能源 3 200 万吨标准煤。2015 年，全省化学需氧量和氨氮排放总量分别控制在 104.1 万吨、12 万吨以内，比 2010 年的 112.4 万吨、13.29 万吨分别减少 7.4%（其中工业和生活排放量减少 5%）、9.7%（其中工业和生活排放量减少 9.9%）；二氧化硫和氮氧化物排放总量分别控制在 63.7 万吨、58.6 万吨以内，比 2010 年的 69.5 万吨、63.1 万吨分别减少 8.3%、7.1%。全省单位生产总值能耗降低 21.67%，二氧化硫、化学需氧量排放总量分别下降 11.78% 和 7.08%，超额完成了"十一五"规划纲要确定的约束性目标，扭转了"十五"后期单位生产总值能耗和主要污染物排放总量大幅上升的趋势，为保持经济平稳较快发展提供了有力支撑，为应对全球气候变化做出了重要贡献，也为实现"十二五"节能减排目标奠定了坚实基础。

因此，武汉清洁生产的外源性压力巨大，推行清洁生产是唯一出路。

二、武汉清洁生产压力的内源性

武汉清洁生产压力的内源性在于单位 CO_2 排放和温室气体排放形成的巨大压力。武汉的清洁生产压力通过碳盘查清晰可见。生产碳盘查是指对生产活动中各环节直接或者间接排放的温室气体进行定量测算，盘查的结果直接反映生产中温室气体产生的情况，并从较大程度上反映生产主体进行清洁生产的状况。

（一）基本分析思路

运用经济学方法，探寻碳排放特征及影响因素，进而有针对性地提出碳减排对策，已成为众多国内外学者研究的重点，其主流方法是运用各种因素分解法对年度时间序列碳排放数据进行分析。目前比较有代表性的成果包括：徐国泉等（2006）采用迪氏指数分解法分析了 1995～2004 年中国人均碳排放的影响因素。宋德勇和卢忠宝（2009）运用"两阶段"迪氏指数分解法对中国 1990～2005 年与能源消费相关的 CO_2 排放的相关因素进行了较为完整的分解。结果表明，中国能源产生的 CO_2 主要受产出规模和能源强度影响。孙志威等（2011）运用对数平均迪氏指数分解法对天津市能源消费碳排放量进行了分解。研究表明，当前天津市能源消费碳排放量变化仍主要取决于经济因素和能源强度之间的相互制约关系。郭朝先（2010）构建了一个基于经济总量、经济结构、能源利用效率、能源消费结构、碳排放系数的碳排放恒等式，运用对数平均迪氏指数分解技术，对中国 1995～2007 年的碳排放从产业层面和地区层面进行了分解。结果表明，经济规模总量的扩张是中国碳排放继续高速增长的最主要因素，能源利用效率的提高则是抑制碳排放增长最主要的因素，产业结构或者地区结构的变化、传统能源结构的变化对碳排放影响有限，潜力还没有发挥出来。张伟等（2013）运用扩展的 Kaya 模型和对数平均迪氏指数分解法对陕西省 2000～2010 年的能源消费碳排放进行分解，定量分析了人口、经济增长、产业结构、能源强度、能源消费结构五个因素对陕西省能源消费碳排放的影响。结果表明，经济增长是拉动陕西省能源消费碳排放增长的决定性因素；人口、产业结构和能源强度的变动也对碳排放增长具有正向影响，但作用强度不大；能源消费结构优化是抑制陕西省能源消费碳排放增长的主要因素。苏飞和胡哲太（2013）通过计算杭州市 2001～2011年能源消费的碳排放总量，并采用对数平均迪氏指数分解法对其影响因素进行分析。结果表明，杭州市能源消费结构整体上以煤为主的格局没有改变，煤炭消费仍然是 CO_2 排放的主要来源；经济增长是 CO_2 排放量增加的主要推动因素；第二产业能源强度是碳排放的主要抑制因素。

（二）研究方法和数据来源

目前关于碳排放测算的方法主要分为两类：一类以煤、石油、天然气等能源为切入点，选取所对应碳排放系数，测算一个国家或地区的碳排放总量，二、三产业碳排放量或者能源碳排放量；另一类则以化肥、农药、农膜等农资投入为切入点，测算一个国家或地区农地利用活动或者农业活动所导致的碳排放量。

第一步，测算出武汉的碳排放系数。

结合武汉实际，我们认为武汉碳排放主要源于两方面：一是二、三产业能源消耗所导致的碳排放，主要源自化石燃料，包括原煤、洗精煤、焦炭、原油、燃料油、汽油、柴油、煤油、炼厂干气、液化石油气、焦炉煤气等；二是农业活动所导致的碳排放，由于武汉以种植业、渔业为主，农业碳排放主要源自化肥、农药、农膜、农用柴油等农用物质。据此，构建武汉碳排放公式如下：

$$E = \sum E_i = \sum T_i \cdot \delta_i$$

式中，E 为碳排放总量；E_i 为各种碳源的碳排放量；T_i 为各碳排放源的量；δ_i 为各碳排放源的碳排放系数。各种碳源碳排放系数如表 2-4 所示。

表 2-4　各种碳源碳排放系数

碳源	碳排放系数	碳源	碳排放系数	碳源	碳排放系数
化肥	0.895 6	洗精煤	0.755 9	煤油	0.571 4
农药	4.934 1	焦炭	0.855 0	炼厂干气	0.460 2
农膜	5.180 0	原油	0.585 7	液化石油气	0.504 2
柴油	0.592 7	燃料油	0.618 5	焦炉煤气	0.354 8
煤炭	0.755 9	汽油	0.553 8		

注：化肥、农药碳排放系数出自美国橡树岭国家实验室；农膜碳排放系数出自 IREEA（即南京农业大学农业资源与生态环境研究所）；其他碳源碳排放系数均出自 IPPC（即联合国气候变化政府间专家委员会）

第二步，分解影响二氧化碳排放的因素。

本部分采用 Ang 等（1998）提出的对数平均迪氏指数分解法对武汉市碳排放进行因素分解。对数平均迪氏指数分解法满足因素可逆，能消除残差项，克服了用其他方法分解后存在残差项或对残差项分解不当的缺点，使模型更具有说服力。同时，在对数平均迪氏指数分解法中，分部门效应加总与总效应保持一致，即不同的分部门效应总和与各个部门作用于总体水平上获得的总效应相一致，这一点在多层次分析中十分有用。

遵循对数平均迪氏指数分解分析框架，根据已有文献成果，并结合碳排放实际情况，碳排放总量可采用以下基本公式表示：

$$C = \frac{C}{E} \times \frac{E}{GDP} \times \frac{GDP}{P} \times P$$

$$EI = \frac{C}{E}, \quad CI = \frac{E}{GDP}, \quad SI = \frac{GDP}{P} \tag{2-1}$$

其中，C、E、GDP、P 分别为武汉市碳排放量、能源消耗总量、地区生产总值和人口总量；EI、CI、SI 分别为能源结构因素、能源效率因素和经济水平因素。对数平均迪氏指数分解法采用"乘积分解"和"加和分解"两种方法进行分解，这两种方法的最终分解结果是一致的。对于式（2-1）所示模型，设基期碳排放总量为 C^0，T 期总量为 C^t，用下标 tot 表示总的变化。采用加和分解，将差分分解为

$$\Delta C_{tot} = C^t - C^0$$

各分解因素贡献值的表达式分别为

$$\Delta EI = \sum \frac{C^t - C^0}{\ln C^t - \ln C^0} \ln \frac{EI^t}{EI^0}$$

$$\Delta CI = \sum \frac{C^t - C^0}{\ln C^t - \ln C^0} \ln \frac{CI^t}{CI^0}$$

$$\Delta SI = \sum \frac{C^t - C^0}{\ln C^t - \ln C^0} \ln \frac{SI^t}{SI^0}$$

$$\Delta P = \sum \frac{C^t - C^0}{\ln C^t - \ln C^0} \ln \frac{P^t}{P^0}$$

总效应为

$$\Delta C_{tot} = C^t - C^0 = \Delta EI + \Delta CI + \Delta SI + \Delta P$$

第三步：引入武汉市数据进行测度。

原煤、洗精煤、焦炭、原油、燃料油、汽油、柴油、煤油、炼厂干气、液化石油气、焦炉煤气等能源消耗量，化肥、农药、农膜、农用柴油等农资投入量，武汉市地区生产总值以及武汉市人口总量等数据均出自历年的《武汉统计年鉴》。考虑到经济发展中价格不断变化的因素，以实价计算的产值不能进行纵向对比，

故采用 GDP 可比价，以 1995 年作为价格基准年进行相关测度。

第四步：相关指标的测度。

依据已给出的碳排放测算公式，测算 1996～2011 年武汉市碳排放量（表 2-5）。结果表明，近年来，武汉市碳排放总量总体处于上升趋势，由 1996 年的 1 598.91 万吨增至 2011 年的 2 573.12 万吨，15 年间增长了 60.93％，年均递增 3.22％。其中，作为武汉市碳排放的主要来源，二、三产业所引起的碳排放量由 1996 年的 1 578.13 万吨增至 2011 年的 2 550.48 万吨，年均递增 3.25％，所导致的碳排放量占武汉市碳排放总量的 98％以上；农业导致的碳排放量则由 1996 年的 20.78 万吨增至 2011 年的 22.64 万吨，年均递增 0.77％。

表 2-5　1996-2011 年武汉市碳排放量情况

年份	农业碳排放			二、三产业碳排放			总体碳排放	
	总量/万吨	增速/％	比重/％	总量/万吨	增速/％	比重/％	总量/万吨	增速/％
1996	20.78	—	1.30	1 578.13	—	98.70	1 598.91	—
1997	21.92	5.49	1.32	1 644.84	4.23	98.68	1 666.76	4.24
1998	21.65	−1.23	1.34	1 593.77	−3.10	98.66	1 615.42	−3.08
1999	22.74	5.03	1.44	1 559.38	−2.16	98.56	1 582.12	−2.06
2000	23.09	1.54	1.41	1 610.61	3.29	98.59	1 633.70	3.26
2001	23.53	1.91	1.54	1 508.01	−6.37	98.46	1 531.54	−6.25
2002	24.13	2.55	1.46	1 627.56	7.93	98.54	1 651.69	7.85
2003	23.61	−2.15	1.28	1 819.17	11.77	98.72	1 842.78	11.57
2004	23.99	1.61	1.10	2 156.73	18.56	98.90	2 180.72	18.34
2005	24.80	3.38	0.96	2 556.75	18.55	99.04	2 581.55	18.38
2006	25.62	3.31	0.93	2 716.77	6.26	99.07	2 742.39	6.23
2007	25.08	−2.11	0.90	2 753.03	1.33	99.10	2 778.11	1.30
2008	25.73	2.59	0.93	2 744.85	−0.30	99.07	2 770.58	−0.27
2009	24.38	−5.25	0.93	2 726.60	−0.66	99.11	2 750.98	−0.70
2010	23.61	−3.16	0.78	3 018.08	10.69	99.22	3 041.69	10.56
2011	22.61	−4.10	0.88	2 550.48	−15.49	99.12	2 573.12	−15.41
年均增速/％	—	0.77	—	—	3.25	—	—	3.22

由图 2-6 和图 2-7 可知，1996～2011 年武汉市碳排放量总体虽处于上升趋势，但年际之间存在较大差异，呈现较为明显的"平稳—上升—平稳—波动"四阶段特征：1996～2001 年为第一阶段，为平稳波动期，年际增速均低于 5％，介于−6.25％～4.24％，该阶段武汉市碳排放总量一直维持在 1 600 万吨左右；2002～2006 年为第二阶段，为快速上升期，年际增速均高于 5％，介于 6.23％～

18.38%，由于增速较快，碳排放量大幅增加，由 2002 年的 1 500 多万吨迅速升至 2006 年的 2 700 多万吨；2007～2009 年为第三阶段，为增速回落期，年际增速均低于 5%，碳排放总量维持在 2 700 万吨左右；2010～2011 年为第四阶段，碳排放总量变化波动较大，由 2010 年的 10.56% 增速直接转变为 2011 年的 −15.41%，跨度明显。

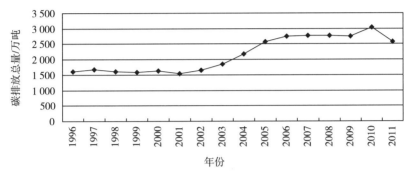

图 2-6　1996～2011 年武汉市历年碳排放总量变化情况

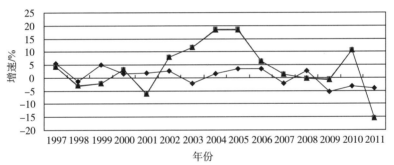

图 2-7　1997～2011 年武汉市历年碳排放环比增长情况

武汉市碳排放主要源自二、三产业，农业生产所导致的碳排放量相对较少。结合表 2-5 可知，农业碳排放仅占武汉市碳排放总量的 1% 左右，2005～2011 年甚至不足 1%，远低于我国 17% 左右的水平。究其原因，可归结为三个方面：其一，武汉市经济以二、三产业为主，农业所占比重较低；其二，武汉市农业构成以种植业、渔业为主，易导致大量碳排放的畜牧业规模较小；其三，作为市郊农业，武汉市农业生产集约化水平较高，农资得到充分利用。

第五步：相关结果分析的结论。

基于对数平均迪氏指数模型以及所搜集的数据，并结合前文测算的武汉市历年碳排放量，借助相关分析工具，得出武汉市碳排放量影响因素分解结果，如表 2-6 所示。

表 2-6　基于对数地平均迪氏指数模型的武汉市碳排放量影响因素分解结果（单位：万吨）

年份	能源结构因素	能源效率因素	经济因素	人口因素	综合效应
1997	−4.25	2.77	51.29	18.05	67.86
1998	10.57	−60.37	−19.32	17.79	−51.33
1999	−1.50	−212.94	162.88	18.27	−33.29
2000	−2.55	47.69	−12.98	19.42	51.58
2001	13.09	−349.05	214.84	18.96	−102.16
2002	−8.51	143.96	−35.88	20.58	120.15
2003	0.03	107.25	54.31	29.50	191.09
2004	−2.84	189.94	138.75	12.08	337.93
2005	−4.26	271.82	87.01	46.28	400.85
2006	−3.34	12.03	94.72	57.43	160.84
2007	6.40	−110.78	108.69	31.41	35.72
2008	9.84	−81.04	46.89	16.79	−7.52
2009	−27.78	−141.92	142.56	7.63	−19.51
2010	7.90	−124.28	402.70	4.29	290.61
2011	−137.98	−657.45	356.37	−29.52	−468.58
合计	−145.18	−962.37	1 792.83	288.96	974.24

　　基于对数平均迪氏指数模型的武汉市碳排放量影响因素分解结果变化趋势如图 2-8 所示。

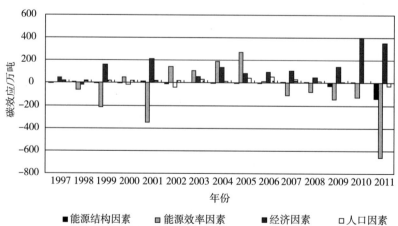

图 2-8　基于对数平均迪氏指数模型的武汉市碳排放量影响因素分解结果

基于表 2-6 和图 2-8，得出如下结论。

（1）能源结构的逐步优化在一定程度上抑制了武汉市的碳排放。相比 1996 年，1997～2011 年能源结构因素累积实现了 4.55%（145.18 万吨）的碳减排，表明若其他因素保持不变，能源结构的变化会导致武汉市碳排放年均递减 10.37 万吨。综合来看，能源结构的优化所发挥的减排效用相对有限且年际波动性较强。究其原因，煤炭、洗精煤、焦炭等高排放能源使用比重的降低在一定程度上减少了碳排放总量；但同时，受石油价格波动以及其他一些外部因素影响，能源结构内部优化缺乏足够的连贯性，从而导致年际间波动性较强。

（2）能源效率因素是促使武汉市碳排放降低的主要因素。与 1996 年相比，1997～2011 年能源效率因素累积实现了 30.17%（962.37 万吨）的碳减排，表明若其他因素保持不变，则效率因素变化会导致武汉市碳排放年均递减 68.74 万吨。虽然能源效率因素的碳减排效应年际波动性也较强，但与能源结构因素不同，其阶段性特征更为明显：2001 年之前（含 2001 年）能源利用效率的大幅提高较好地抑制了碳排放；2002～2006 年不惜以牺牲能源为代价片面地追求经济增长，使能源利用效率降低，客观导致了碳排放的增加；2006 年之后由于积极倡导并构建资源节约型、环境友好型社会，能源利用效率大幅提高，效率因素也由此成为抑制武汉市碳排放增长的主要因素。

（3）经济水平的大幅提升是导致武汉市碳排放总量增长的最主要因素。与 1996 年相比，1997～2011 年经济水平因素累积引发了 56.21%（1 792.83 万吨）的碳增量，表明若其他因素保持不变，则经济水平提升会导致武汉市碳排放年均增长 128.06 万吨。但很显然，基于发展中国家的现实，在今后很长一段时间内，我国仍将以经济建设为中心，致力于国民经济的快速发展与人民生活水平的稳步提高。由此不难预测，短期内经济因素仍将是武汉市碳排放增加的主导因素，要想实现碳减排，转变经济增长方式已刻不容缓。

（4）人口规模对武汉市碳排放总量贡献的变化值为正，说明人口规模的快速扩张也是导致武汉市碳排放增加的重要因素。作为华中地区政治、经济、文化中心，武汉市因其得天独厚的区位优势，每年吸引大量外地人口涌入，由此引发人口数量不断膨胀。1996～2011 年，武汉市人口净增 117.23 万人，年均递增 1.10%，快于我国同期增速 0.47 百分点。人口规模的扩张导致了碳排放总量的增加，相比 1996 年，1997～2011 年武汉市人口因素累积贡献了 9.02%（288.96 万吨）的碳增量，表明若其他因素保持不变，则由于人口规模扩张会导致武汉市碳排放年均增长 20.64 万吨。

第四节　对武汉清洁生产的总体判断

结合武汉清洁生产和二氧化碳排放的相关情况，对武汉清洁生产总体判断如下，并以此作为进一步分析武汉清洁生产问题的基础。

一、能源使用效率低下是武汉清洁生产面临的主要问题

武汉消费的能源物质共 30 多种，其中主要能源物质有煤炭、焦炭、原油、燃料油、汽油、柴油、煤油、炼厂干气、液化石油气、焦炉煤气、外购热力和电力 12 种。近年来，随着武汉工业经济规模的快速扩大，能源消耗急剧上升。规模以上工业能源消耗量从 1999 年的 2 259.98 万吨增长至 2011 年的 4 396.63 万吨，增长幅度达 94.54%，年均增长率为 4.54%，远远小于第二产业产值的年均增速。从这 12 种主要能源使用增长量来看，炼厂干气、液化石油气、外购热力、焦炉煤气、焦炭、原油、煤炭 7 种能源消耗处于增长态势，2011 年消耗量较 1996 年消耗量分别增长 234.81%、159.38%、158.93%、154.22%、124.27%、100.54%、12.01%，年均增长率分别为 8.39%、6.56%、6.55%、6.42%、5.53%、4.75%、0.76%。电力、汽油、柴油、燃料油、煤油 5 种燃料消耗量处于递减态势，递减幅度分别为 21.53%、74.54%、79.37%、87.15%、97.39%，年均递减率分别为 1.60%、8.72%、9.99%、12.79%、21.58%（表 2-7）。1997～2011 年武汉规模以上工业主要消耗能源环比增长情况如表 2-8 所示。

总体来看，武汉规模以上工业能源消耗量呈现上升态势，然而从年际波动来看，则基本呈现"一降三升"以四年为周期的阶段性波动上升态势，且周期波动幅度呈现一定的减小态势（图 2-9）。从分析可知，煤炭、焦炭、原油、燃料油、焦炉煤气、外购热力、电力 7 种能源是武汉近年来规模以上工业消耗的主要能源。从 7 种主要消耗能源量的年际波动来看（图 2-10），除外购热力外，其他 6 种能源消耗量的波动均呈现一定的周期性，且近年来周期有略微缩短的态势，波动的不稳定性增加。

表 2-7　1996~2011 年武汉规模以上工业能源消耗量（折标煤）（单位：万吨）

年份	总计	煤炭	焦炭	原油	燃料油	汽油	柴油	煤油	炼厂干气	液化石油气	焦炉煤气	外购热力	电力
1996	2 259.98	917.71	298.23	359.09	64.53	16.14	40.19	13.81	7.44	0.32	72.67	36.35	377.90
1997	2 335.92	960.82	305.74	412.4	48.49	16.54	33.46	15.07	8.32	0.68	79.33	35.97	385.59
1998	2 285.71	962.44	307.78	333.81	35.39	17.12	31.27	15.67	8.64	1.52	84.18	45.33	431.03
1999	2 189.45	917.01	309.28	390.49	24.58	2.73	6.39	0.12	14.96	0.61	88.27	45.68	375.89
2000	2 485.33	926.39	333.58	430.29	25.16	5.38	6.4	0.24	11.66	0.48	90.59	49.68	403.96
2001	2 265.24	863.67	320.59	365.58	25.62	2.22	6.49	0.32	11.65	0.58	74.82	42.55	442.3
2002	2 356.15	950.27	331.34	412.45	21.97	7.61	2.77	0.25	13.58	0.12	89.68	57.42	325.54
2003	2 615.67	1 084.49	379.43	435.27	25.47	5.34	15.53	0.21	17.39	3.53	97.13	49.62	395.33
2004	3 274.48	1 435.12	368.92	530.24	29.21	4.92	9.82	0.61	22.69	2.74	90.54	53.37	710.32
2005	3 255.39	1 742.06	411.12	584.18	38.96	21.68	21.14	0.92	24.97	0.48	112.01	33.09	223.26
2006	3 828.17	1 891.64	441.93	580.95	29.58	44.24	42.21	2.27	26.36	0.45	129.05	103.87	178.24
2007	3 884.03	1 863.85	422.65	611.07	26.5	9.13	20.63	0.31	29.89	0.63	122.79	108.73	215.37
2008	3 914.27	1 793.92	506.28	569.31	27.29	8.26	14.48	0.4	28.48	0.66	140.38	100.04	221.32
2009	3 741.91	1 672.25	485.07	646.93	11.68	7.15	10.6	0.54	28.2	0.71	176.5	105.17	229.67
2010	4 071.71	1 768.01	644.22	713.41	8.14	9.86	11.32	0.68	25.01	1.16	171.15	89.07	259.98
2011	4 396.63	1 027.95	668.84	720.11	8.29	4.11	8.29	0.36	24.91	0.83	184.74	94.12	296.52

资料来源：《武汉统计年鉴 2012》

表 2-8　1997～2011 年武汉规模以上工业主要消耗能源环比增长情况（单位：%）

年份	总计	煤炭	焦炭	原油	燃料油	焦炉煤气	外购热力	电力
1997	3.36	4.70	2.52	14.85	−24.86	9.16	−1.05	2.03
1998	−2.15	0.17	0.67	−19.06	−27.02	6.11	26.02	11.78
1999	−4.21	−4.72	0.49	16.98	−30.55	4.86	0.77	−12.79
2000	13.51	1.02	7.86	10.19	2.36	2.63	8.76	7.47
2001	−8.86	−6.77	−3.89	−15.04	1.83	−17.41	−14.35	9.49
2002	4.01	10.03	3.35	12.82	−14.25	19.86	34.95	−26.40
2003	11.01	14.12	14.51	5.53	15.93	8.31	−13.58	21.44
2004	25.19	32.33	−2.77	21.82	14.68	−6.78	7.56	79.68
2005	−0.58	21.39	11.44	10.17	33.38	23.71	−38.00	−68.57
2006	17.59	8.59	7.49	−0.55	−24.08	15.21	213.90	−20.16
2007	1.46	−1.47	−4.36	5.18	−10.41	−4.85	4.68	20.83
2008	0.78	−3.75	19.79	−6.83	2.98	14.33	−7.99	2.76
2009	−4.40	−6.78	−4.19	13.63	−57.20	25.73	5.13	3.77
2010	8.81	5.73	32.81	10.28	−30.31	−3.03	−15.31	13.20
2011	7.98	−41.86	3.82	0.94	1.84	7.94	5.67	14.05

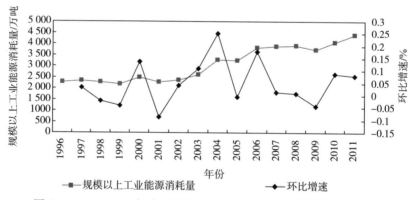

图 2-9　1996～2011 年武汉规模以上工业主要消耗能源环比增长情况

根据武汉市环境保护局公布的相关数据，2013 年，全市工业废气排放总量 5 632.42 亿标立方米，较上年下降 6.48%。全市二氧化硫排放总量 10.19 万吨，较上年下降 3.69%，其中，工业排放 9.62 万吨，较上年下降 3.90%。全市氮氧化物排放总量 14.71 万吨，较上年下降 5.58%，其中，工业排放量 9.56 万吨，较上年下降 9.81%；机动车排放量 5.00 万吨，较上年增加 3.31%。全市烟（粉）尘排放总量 2.57 万吨，较上年下降 2.65%，其中，工业烟（粉）尘排放总量 1.98 万吨，较上年下降 2.46%；工业烟（粉）尘去除率 99.44%；机动车

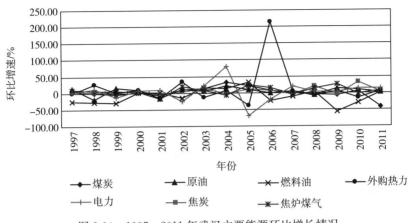

图 2-10　1997～2011 年武汉主要能源环比增长情况

烟（粉）尘排放量 0.49 万吨，较上年下降 2.00 ％[①]。从中我们可以看出，2013 年武汉尽管在减排和清洁生产上取得成就，但和 GDP 年均 10％的增长率相比，清洁生产还需要进一步提高效率。

二、武汉的清洁生产在省内具有带动效应

1. 废水

2012 年湖北废水排放总量为 29.02 亿吨，其中，工业废水排放量为 9.1 亿吨，约占总量的 31.36％；生活污水排放量为 198 337 万吨，约占总量的 68.34％；武汉废水排放量为 8.22 亿吨，其中，工业废水 2.07 亿吨，占废水排放总量的 25.18％；生活污水 6.15 亿吨，占废水排放量的 74.82％。全省和武汉一样所产生的废水主要来自工业生产和生活两个部分，其中生活污染所占比重比较高，说明民众清洁生活理念不强，意识有待进一步提高。

湖北化学需氧量排放总量 108.66 万吨，其中，工业化学需氧量排放量为 13.53 万吨，生活化学需氧量排放量为 46.13 万吨，农业源化学需氧量排放量为 47.55 万吨，集中式污染治理设施化学需氧量排放量 1.45 万吨。氨氮排放总量 12.89 万吨，其中，工业氨氮排放量 1.48 万吨，生活氨氮排放量 6.59 万吨，农业源氨氮排放量 4.66 万吨，集中式治理设施 0.16 万吨。武汉化学需氧量排放总量 15.91 万吨，较上年下降 5.35％，其中，工业排放量 1.64 万吨，较上年下降 7.87％；农业源排放量 4.26 万吨，较上年增加 4.67％；生活源排放量 9.64 万吨，较上年下降 6.68％。全市氨氮排放总量为 1.86 万吨，较上年下降 4.12％，其中，工业排放量 0.14 万吨，较上年下降 30.82％；农业源排放量

① 武汉市环境保护局 2013 年环保统计公报。

0.37 万吨，较上年增加 12.49%；生活源排放量 1.33 万吨，较上年下降
2.36%。从总体上来看，全省的污水排放总量比较大，而工农业生产所占比重有
所下降，但武汉情况和湖北并不完全一致，武汉农业生产方面产生的废水总量有
所增加。

2. 废气

2012 年湖北全省二氧化硫排放量为 62.24 万吨，其中，工业二氧化硫排放
量为 54.86 万吨，生活二氧化硫排放量为 7.38 万吨，集中式治理设施 0.002 9
万吨。氮氧化物排放量为 64 万吨①，其中，工业氮氧化物排放量为 44.09 万吨，
生活氮氧化物排放量为 1.21 万吨，机动车氮氧化物排放量为 18.68 万吨，集中
式治理设施 0.008 5 万吨。2012 年武汉工业废气排放总量 6 022.50 亿标立方米，
较上年下降 5.31%。全市二氧化硫排放总量 10.58 万吨，较上年下降 2.49%，
其中，工业排放量 10.01 万吨，较上年下降 2.63%。全市氮氧化物排放总量
15.58 万吨，较上年下降 7.43%，其中，工业排放量 10.60 万吨，较上年下降
12.03%；机动车排放量 4.84 万吨，较上年增加 4.31%。从废气的排放情况来
看，武汉的废气排放量在整个湖北废气排放中所占比重大约为 15%，而同期武
汉的 GDP 在全省所占比重大约为 1/3，武汉废气的排放比重明显低于经济所占
的比重，说明武汉的废气排放对全省的总量具有比较大的影响，从单位 GDP 的
能耗来看武汉明显低于全省平均水平，武汉的清洁生产技术在省内处于领先
地位。

3. 工业固体废物

2012 年湖北工业固体废物产生量 7 610.94 万吨，综合利用量 5 736.89 万
吨，处置量 1 561.22 万吨，储存量 376.95 万吨。2012 年武汉一般工业固体废物
产生量 1 382.37 万吨，综合利用量 1 365.33 万吨（含综合利用往年储存量 51.38
万吨），处置量 61.95 万吨，一般工业固体废物综合处置利用率 99.53%。全市
工业危险废物产生量 20.58 万吨，综合利用量 16.51 万吨，处置量 4.07 万吨，
工业危险废物综合处置利用率 99.99%②，武汉的工业固体废物排放总量占比明
显低于全省平均水平，而在工业固体废物处理水平上明显高于全省。

武汉作为湖北的省会，不仅是湖北经济增长的龙头和引擎，也是湖北清洁生
产的引领者和示范者，尽管武汉面临严峻清洁生产发展压力，但武汉具有发展清
洁生产的经济基础和技术实力，在全省地位独特，需要在清洁生产上进一步
努力。

---

① 数据来自 2012 年度湖北省环境统计公报。
② 数据来自 2012 年武汉市环境状况公报。

三、武汉推行清洁生产具有现实紧迫性

我国本着对人民和民族负责的态度，在可持续发展和生态文明的理念指引下，制定清洁生产发展规划，因此，清洁生产是武汉经济未来发展的本质要求。我国《国民经济和社会发展第十二个五年规划纲要》指出，要以科学发展为主题，以转变经济增长方式为主线，"综合运用调整产业结构和能源结构、节约能源和提高能效、增加森林碳汇等多种手段，大幅度降低能源消耗强度和二氧化碳排放强度，有效控制温室气体排放。合理控制能源消费总量，严格用能管理，加快制定能源发展规划，明确总量控制目标和分解落实机制"。2011 年 11 月 9 日温家宝同志主持召开国务院常务会议，讨论通过了《"十二五"控制温室气体排放工作方案》，要求各地区、各部门要按照《国民经济和社会发展第十二个五年规划纲要》提出的到 2015 年单位 GDP 二氧化碳排放比 2010 年下降 17％的目标要求，把积极应对气候变化作为经济社会发展的重大战略，作为加快转变经济发展方式、调整经济结构和推进新的产业革命的重大机遇，落实各项任务。随着雾霾的影响在国内引起广泛的关注形成巨大社会压力外，国家强制性减排压力和发达国家对气候变化的关注的压力，都对武汉形成压力。尤其是当前武汉处在建设国家中心城市的关键节点时期，需要在保持经济高速增长和减少 CO_2 排放方面平衡，如何在能源外向依存度居高不下背景下实现经济发展与节能减排的同步，除了在能源结构上进一步优化并提高清洁生产水平外别无他法。

武汉经济正处在对外开放发展加速的关键时期，清洁生产对武汉融入全球经济形成巨大压力。全球经贸摩擦和对绿色经济的重视给中国带来的压力日益增大。在世界科技和产业调整变革中，绿色经济、环境技术扮演着越来越重要的角色。一些国家开始频繁使用环境保护手段来达到保护本国产业与市场，维护并增强其竞争力的目的。利用环境保护增强竞争力的本质就是提高本国市场准入门槛、增加外国产品成本，进而形成本国的竞争优势。商务部调查显示，中国有90％的农业及食品出口企业受到国外环境保护等技术性贸易壁垒的影响，造成每年损失约 90 亿美元。另据统计，2010 年中国出口产品遭受美国、日本、欧盟的绿色壁垒占到所有绿色壁垒的 98％。2013 年，武汉市高新技术产品进出口额与上年同期相比均增加。其中，进口额 29.15 亿美元，同比增加 9.3％；出口额43.77 亿美元，同比增加 9.4％；出口额比进口额多出 14.62 亿美元，但与郑州等中部地区省会城市相比，武汉对外贸易增长速度相对比较慢，清洁生产技术使用不足导致贸易壁垒是其重要原因。

第三章

武汉推行清洁生产的进展

历次大的经济周期，均以基本资源和能源改变、若干标志性新兴产业兴起为核心特征，引发国际物质资本和人力资本大流动，最终形成新的产业结构和增长模式。2008 年国际金融危机之后，战略性新兴产业亦成为各国经济复兴的选择和重点，美国、日本、英国、德国等主要发达经济体推出绿色经济复苏计划、绿色技术研发计划等，对战略性新兴产业特别是环保产业给予前所未有的强势政策支持。

从产业演化规律来看，工业化进程中的不同阶段会产生不同的新兴产业。目前，湖北省尤其武汉城市圈已进入重化工业深化发展阶段，内生发展空间既受到全球经济衰退和发达国家新一轮产业产品升级的竞争和市场挤压，又面临国家发展方式转变的机遇和挑战。因此，尤需按照《中共中央关于制定国民经济和社会发展第十二个五年规划的建议》的要求，坚持把结构调整和建设两型社会作为加快转变经济发展方式的主攻方向和重要着力点，大力发展清洁生产技术，构建武汉面向未来的产业竞争优势。

第一节　清洁生产具有广泛的社会基础

随着人类社会的进步，生态文明的理念逐步深入人心，改变经济发展方式推行清洁生产成为人类共同的期盼。武汉作为中部地区中心城市，在清洁生产理念、技术研发和产业培育方面具有一定基础，因此，清洁生产在武汉具有一定的社会基础。

一、生态文明是东西文化共同的价值观

不以污染破坏环境为代价的可持续发展是清洁生产的精髓，是中华生态文明的优秀因子，应在民族发展中传承并发扬光大。中国古代的经典闪耀着生态文明的智慧光芒，强调清洁生产天人合一。《易传》提出了人与自然界、人与人、人与鬼神的关系，阐明了协调这些关系的基本原则，即"天人合一"，这是衡量人能否成为天地人的一把尺子，也是儒家对于生态世界的价值立场：天地之生与人类之生相互促进相互协同的天人合德、共生共荣（董根洪，2011）。《中庸》有云："惟天下至诚，为能尽其性；能尽其性，则能尽人之性；能尽人之性，则能尽物之性；能尽物之性，则可以赞天地之化育；可以赞天地之化育，则可以与天地参矣。"（乐爱国，2003）也就说，人要用极其虔诚的态度去发挥自己的本性，以帮助天地培育万物。集中华文明大成的儒家思想，虽然是以人类为中心思考生态问题，但是并没有将人类凌驾于自然之上，而是要求人类应该以平等的态度对待自然，并尽其所能地促进大自然的繁荣发展。道家从自然和人类的有机统一，以及整体的观宇宙视野去把握天人关系，表现出深刻的生态智慧（佘正荣，1994）。庄子说："汝身非汝有也，……孰有之哉？曰：是天地之委形也。生非汝有，是天地之委和也；性命非汝有，是天地之委顺也；子孙非汝有，是天地之委蜕也。"① 既然人的身体、生命、禀赋、子孙皆不为人类自身所拥有，而是大自然和顺之气的凝聚物，那么人类就应当尊重天地自然，尊重一切生命，与所有的生物为友，与人类居住的自然环境和谐相处（佘正荣，1994）。

西方生态文明从科学开始，深刻地受到了传统基督教对待自然的态度的影响。在培根看来，世界就是一个人造乐园。这个乐园因科学和人类的管理而变得丰饶。卡尔·冯·林奈在《自然的经济体系》，展示了一幅完全静态的有关地球生物相互作用的画面：季节的转换，一个人的出生和老化，一天的过程，真正的岩石形成和磨损。在这个转动着的生存周期中，一切都在进化着，但任何东西都不发生改变（沃斯特，1999）。在工业革命的推动下，英国传统的农村公社被彻底破坏。怀特在《塞耳彭自然史》中，详细描述了塞耳彭自然生态的变迁，为人们展现了一个复杂的处在变换中的统一生态体，并通过对塞耳彭自然史的研究，率先表达了他对生态环境问题的忧思（于文杰和毛杰，2010）。亨利·戴维·梭罗是美国19世纪浪漫主义生态思想的代表人物。亨利·戴维·梭罗的作品，尤其是《瓦尔登湖》，既是生态主义思想的代表作，同时也是文学名著。亨利·戴维·梭罗认为，在自然的每一事物中都存在着"超灵"或神圣的道德力。穆尔（J. Muir）是19世纪美国环境伦理学家，他认为，上帝所创造的联合体由大自然

---

① 《庄子·知北游第二十二》。

和人类组成。因此，与人类一样，大自然也是"神的精神的显现"。1859 年《物种起源》出版。达尔文的核心思想是，地球上的一切幸存者都是由社会决定的。自然界是"一个复杂的关系网"，而且没有一种个体有机物或物种能够独立地生活在这个网络之外。

20 世纪 80 年代，罗尔斯顿出版了《哲学走向荒野》等著作。罗尔斯顿的思想以自然价值论为理论核心，认为自然价值由自然物自身的属性和生态系统的功能性结构决定，并不会因为人的主观感受而发生变化（于文杰和毛杰，2010）。另外，生态系统的形成是一个充满创造性的过程，生活在这一共同体中的成员持续地相互作用，维持着共同体的完整和稳定（于文杰和毛杰，2010）。

尽管东西方文明演进路径存在差异，但最终都强调环境保护和清洁生产，强调清洁生产的作用，因此，东西方文化强调生态文明殊途同归。

二、清洁生产是政治文明组成部分

以《寂静的春天》为起始，西方生态思想走进了绿色政治时代，即不满足于仅仅对生态环境的人文关怀，开始诉诸群众运动和建立政党政治，试图通过对国家政治的参与来有效地改善生态环境（于文杰和毛杰，2010）。1972 年，《只有一个地球——对一个小小行星的关怀和维护》发表，报告写道："在人类不断城市化的过程中应当提醒其注意，所有的生物品种都是敏感的和脆弱的，无论是树木和花草，还是禽兽和昆虫，都是如此；人类需要和这些生物共存在这个小小的星球上。"（沃德和杜勒斯，1997）

1956 年，英国出台空气净化法。该法律规定，生产厂家若不设法降低污染，就禁止使用煤炭。另外，还将一些地区划定为无烟区，在无烟区内，不能使用没有经过无烟处理的煤炭。英国的空气治理工作成效显著。虽然能量消费仍然大幅增长，但空气中烟尘和二氧化硫的含量却在减少，伦敦中心区冬季日照量增加了 50%（沃德和杜勒斯，1997）。1969 年美国国会通过《国家环境政策法》，1974 年英国下院通过《控制污染法》，表明人们对环境问题的忧虑在不断转化为实际行动（沃斯特，1999）。

经过中国对马克思主义近百年的探索，马克思主义生态思想体系臻于完善。早在革命战争年代，毛泽东等就已经认识到生态环境与农业生产的天然联系，认识到生态环境恶化对农业经济的影响，提出要把生态环境保护和建设作为发展农业经济的重要内容。在新中国成立后，毛泽东就立即发出"植树造林，绿化祖国"的号召。1955 年毛泽东提出，要从 1956 年开始，用 12 年的时间，对祖国的河山实行绿化。1973 年 8 月 5 日至 20 日，第一次全国环境保护会议在北京召开。该会议根据周恩来的指示，制定了环境保护的总方针，并通过了保护环境的多条政策措施。邓小平提出要通过植树造林加强我国生态安全，强调要植树造林，绿化祖国。邓小平主张通过转变经济增长方式来解决经济发展与生态保护间的紧张关系。邓小平指出，"重视提高经济效益，不要片面追求产值、产量的增长"。江泽民多次强调"在现代化建设中，必须把实现可持续发展作为一个重大战略。要把控制人口、节约资源、保护环境放到重要位置，使人口增长与社会生产力发展相适应，使经济建设与资源、环境相协调，实现良性循环"。2003 年 10 月，党的十六届三中全会提出"坚持以人为本，树立全面、协调、可持续的发展观，促进经济社会和人的全面发展"的科学发展观。中国共产党第十八次全国代表大会提出，要建设生态文明，显然是要在中国特色社会主义的旗帜下，探索出一条重建人与自然关系的道路。这是一项造福中华民族乃至全人类的事业，需要持久的努力才能完成。

尽管东西方政治文明建设的路径和思想精髓存在巨大的差异，建设的目标也迥异，但重视将生态环境保护纳入政治文明的内涵，追求清洁生产实现可持续的长远发展，维护广大公民的基本权利。

三、民众高度关注清洁生产进展

民众节能环保意识的普遍觉醒，推开了生态技术创新与环境保护的大门。100 多年前，马克思和恩格斯曾指出，"我们这个世界面临的两大变革，即人同自然的和解以及人同本身的和解"。但这一宝贵思想没有受到应有的关注。在很长一段时间里，人们坚持"人类中心"论，把人置于自然之上，一味地征服和改造自然，无止境地攫取各种自然资源为眼前利益服务。在对自然规律缺乏足够认识和应有尊重的情况下，毁林开荒、毁草种粮、围湖造田、围垦湿地、污染物排放行为屡见不鲜。虽然在短期内取得了直接的经济效益，但由此导致了生态破坏、环境污染、资源过度消耗，打破了生态系统的内在平衡，生存环境日趋恶化，很快就招致了大自然的报复。一方面，各国政府、社会团体、新闻媒体率先担起重任，通过行之有效的经常性地宣传教育凝聚共识，引导公众增强生态环境危机意识；另一方面，人们也在反思自己的行为，民众节约资源能源、保护生态环境的意识逐步觉醒，并逐渐转化为自觉行动。

1985 年 2 月 18 日《光明日报》在国外研究动态栏目中，介绍了苏联《莫斯科大学学报·科学社会主义》1984 年第 2 期发表的署名文章《在成熟社会主义条件下培养个人生态文明的途径》（李龙强和李桂丽，2011）。该文章认为："培养生态文明是共产主义教育的内容和结果之一。生态文明是社会对个人进行一定影响的结果，是从现代生态要求角度看社会与自然相互作用的特性。"在 1987 年召开的全国生态农业研讨会上，西南农业大学的叶谦吉教授提出"大力提倡生态文明建设"的主张。随后，刘思华教授等专家学者在各自著述中，对生态文明建设进行深度阐述，奠定了生态文明建设的理论基础（李龙强和李桂丽，2011）。

环境问题正在成为激发我国社会矛盾的焦点。从 1997 年开始，环境污染纠纷直线上升，每年递增 25％，到 2002 年已超过 50 万起，环境维权成为社会热点。2005 年以来，从圆明园防渗膜工程、番禺垃圾焚烧发电厂，到厦门、大连、宁波、成都、昆明 PX（对二甲苯）等重化工项目，再到广东江门核燃料风波，环境公共利益冲突日趋尖锐，对抗方式也更加激进。中国环保引发群体性事件一览表见表 3-1。

表 3-1　中国环保引发群体性事件一览表

时间	地点	群体性事件	进展
2012 年 7 月	什邡	群众聚集，反对钼铜项目	政府决定停止此项目
2012 年 4 月	天津	数千市民以散步方式抗议 PC 项目	重新评价复审
2011 年 12 月	汕头	海门镇数百人抗议华电项目污染	决定暂停上马
2011 年 9 月	海宁	晶科能源公司污染引发数千人聚集	市环保部门依法对公司处理
2011 年 8 月	大连	反对 PX 项目，上万人聚集	停产并搬迁
2009 年 11 月	广州	百人抗议大型垃圾焚烧厂	重新选址
2008 年 8 月	丽江	兴泉村村民因水污染问题	责令该公司分两次
		与高源建材公司发生冲突，300 人参与	付 400 万元处置金
2007 年 6 月	厦门	反对 PX 项目，上千人以散步的形式抗议	迁建他地

资料来源：任仲平．生态文明的中国觉醒．人民日报，2013-07-22

因此，清洁生产不仅是经济问题也是政治问题，能超越不同的意识形态和文化，在全人类形成共识。清洁生产的广泛社会基础，决定其成为考验政府执政能力和赢得民众信任的试金石。武汉正处在建设国家中心城市关键节点时期，亟须社会广泛共识和民众的支持，清洁生产的推定具有重要经济意义和政治意义。

第二节　武汉清洁生产技术储备丰厚

武汉作为我国重要的科教中心，技术创新实力比较雄厚，在长期的科研实践活动中，积累了大量的清洁生产技术，因此，武汉当前推行清洁生产并不是无任何基础，长期技术积累和丰富的实践经验为其创造了有利条件。

一、污水治理技术研发与积累

湖北是千湖之省，武汉是江城，水资源的丰富也带来的生产过程中水污染的严重，如何围绕生产生活产生废水进行清洁化处理是维护人与自然和谐，推进可持续发展的重要内容，武汉在污水治理技术和实践方面积累了丰富的经验。

1989 年，航空航天工业部武汉仪表厂的"水质净化设备科研生产线技术"

改造项目，是"七五"期间国家环保系统重点技术改造项目。形成包括超滤膜生产线、金属电极涂复生产线、家用净水器生产线、大型次氯酸钠发生器生产线和多种水质净化设备生产线在内清洁生产技术积累和产业化实践。在项目推进过程中，先后推出各类水质净化设备新产品 30 项，加上原有产品，已经形成 18 个系统 44 个品种的水质净化设备系列。其中 4 项高技术产品，已被国家列为 1989 年度重大新产品试产计划。

1990 年，由中国科学院水生生物研究所（简称水生所）与黄州环保办公室共同承担"七五"国家重点项目——综合生物塘技术及黄州城区污水综合生物塘处理研究，从 1986 年开始水生所水污染生物学研究室的科技人员，利用生态学能流、物流及生物食物链的原理，建立综合生物塘试验构筑物来处理污水，创造性地运用养鱼、蟹和珍珠蚌等动物，以及多种高等植物的综合利用技术，回收废水中的有用资源，收效显著，为中小城镇污水处理开辟了新路。

我国环保工作起步较晚，污染严重，仅以我国 5 大水系计，每年排入江河中的废水达 200 多亿立方米，使总长度 5 万多千米的江河水系有 4 万多千米受到不同程度的污染。仅据 9 省市不完全统计，平均每年由于污染事故死鱼达 11 万吨，经济损失 2 亿多元。1991 年由长江水产研究所与有关单位合作完成的农药、重金属污染物质对鱼类毒性影响的研究，为制定水质标准提供了依据，完成了 16 项农药、重金属渔业水质建议标准（并提出了 16 项毒物的渔业水域生态基准值），其中 13 项已列入国家渔业水质标准，建立了系统的实验和分析程序，对渔业环境污染监测将起到重要作用。

1995 年年底，水生所淡水生态与生物技术国家重点实验室收到德国大众（VW）科学基金会资助，将价值 65.8 万马克的仪器设备装设在水生所的实验室，这是我国第一个用于二噁英类化合物研究的专用实验室。随着对外开放的不断深入，水生所与国外开展长期的国际合作研究，截至 2010 年就有与 8 个国家和地区的 12 个合作项目，其中与德国环境与健康研究中心生态化学研究所的合作就持续了 15 年。双方以共同感兴趣的全球性环境污染为对象，开展了水生态毒理和生态化学研究，先后在洗涤剂十二烷苯磺酸钠在水环境中行为、灭幼脲在水生态系统中的转移和归宿、亚热带气候条件下各种环境中六氯环己烷的残留动态等项目的研究中，取得了一系列的研究成果。

1997 年湖北祥瑞化工公司进行了年产 4 万吨合成氨扩建改造，引进化学工业部（简称化工部）当时正在推行的"两水闭路循环"技术，该项目的投产使化工废水污染得到有效治理。该公司在大力发展生产的同时，坚持实施科技治污战略，组织科技人员自行设计和安装了"三气"回收工艺系统，将化肥生产中排放的驰放气、再生气、放空气送入氨回收系统回收，回收后的尾气用做职工的生活或生产燃料，使"三气"有害含量降低 86%；并组织科技人员对吹风气潜热回收工艺进行改造，每天回收废气 25 万立方米并送入锅炉做燃料，使一氧化碳、二氧化硫等有毒有害气体含量由 7％下降到 1.2％，每年为公司节约标煤 6 000 多吨。

印染废水由于其水量大、有机物含量高、色度深、碱性大、水质变化复杂，而成为极难处理的工业废水之一。我国是纺织印染大国，每年废水排放量大约有 8 亿～10 亿吨，而随着环保法律法规的健全，以及严厉措施的执行，解决印染废水处理问题已成为行业的当务之急。1998 年武汉纺织工学院曾庆福采用新型光催化氧化剂 DC-1 与氧气在均态下，通过紫外光照射发生催化反应，成功地解决了印染废水光化脱色速率问题。武汉金盛集团与武汉纺织工学院商定合资组建新的公司，共投资 2 800 万元，用于该成果的产业化。并设计制造了一套 100 吨/日的印染废水光化脱色处理设备，并在武汉华丽线业有限公司进行中试，获得成功。其处理路线为废水→过滤→一级光催化氧化→二级光催化氧化→电化学再生材料催化处理→回用或排放。

武汉仪表厂研制成功的我国首套自动固液分离系统，于 1999 年 9 月投放市场，从而结束了我国城市污水处理的关键设备"洋货"一统天下的局面。该系统是污水处理的关键装置，用于城市污水和工业废水处理过程中产生的污泥脱水干化和工业物料生产的固液分离，其价格仅为同类进口产品的一半。2000 年 4 月，由湖北省环境科学研究院承担的省重点科技计划项目"汉江流域水污染综合防治规划研究"，通过实施水域分类管理，按不同的使用功能确定不同水域的保护目标，分阶段采取治理措施，严格控制重点污染区、污染源，着重治理工业企业污染，对汉江水污染进行综合防治。

二、大气污染治理技术研发与积累

武汉是新中国成立后重点建设的重化工业城市，在取得巨大发展成就的同时，大气污染也影响着人民的生产生活。对于如何处理工业生产废气，武汉积累了大量的技术和实践经验，也是今天清洁生产向前发展基础。

1991 年，一种最新专利产品——锅炉烟气脱硫除尘器，在武汉造船专用设备厂第四分厂投入试生产。该产品适用于燃煤的各种锅炉及其他含有二氧化硫或粉尘较严重的烟气、尾气的净化。脱硫效率高于 90％，除尘效率超过 95％。1994 年，冶金部武汉安全环保研究院高级工程师黎在时等，为攀钢提钒炼钢厂研制成功一台面积比排球场还大 10 平方米、高 8.3 米、重 68 吨的巨型电除尘器，并成功地安装在 40 多米高的攀钢一厂厂房屋顶，从此，消灭了"盘踞"在厂房上空 20 多年的滚滚"烟龙"。经试运行 8 个月，运转良好，除尘率达 92％，净化水平优于国家标准。测试还证明，这台装在屋顶上的巨型电除尘器能抗 8 级地震。

1996 年，湖北根据国家的统一部署，制订出《湖北省跨世纪绿色工程计划》。这个绿色计划以加强水污染防治和二氧化硫污染与酸雨的控制为主要内容，确定了一系列环境污染综合整治项目，这些项目将在 1996～2010 年滚动实施。2011 年开始，加强对武汉东湖、墨水湖、襄樊小清河、黄石磁湖、孝感府河、十堰神定河，以及荆门竹皮河和汉江、长江湖北江段岸边污染带的防治，以遏制这些地方的环境污染和生态破坏趋势。

1997 年 3 月，武汉锅炉厂对锅炉实施脱硫一体化技术改造，脱硫除尘一体化装置运行后，每年可减少从烟囱中排放的二氧化硫量超过 19 万千克，减少烟尘排放量超过 37 万千克，减少电石渣排放量 232.5 吨。10 月初，武汉市和区环保验收组对这一环保改造项目进行了技术论证。过去采用磨石水膜除尘器进行环保处理，由于技术落后，设备严重腐蚀，效果不好。

1999 年 11 月，"分隔法"治理废气排放的研究在武汉获得成功。我国现有80％以上的铝厂采用自焙槽炼铝，在焙烧过程中排出的沥青焦油混于电解液排放出的氧化物和粉尘之中，难以用同一种方法治理，这被国内外视为难题。武汉德成科技工程研究院早在 1999 年即着手"分隔法"治理废气排放的研究，并在山西榆次恒裕铝厂和武汉铝厂进行了工业性试验，现已获得成功。"分隔法"治理电解铝侧插槽烟气的核心是将沥青烟与其他废气分开，其净化设施由两个系统组合而成。第一系统对沥青焦油的吸气效率在 90％以上，第二系统对氟化物、粉尘的净化率在 95％以上，达成了铝厂在保证经济效益的同时又兼顾解决环保问题的目的。

2000 年 7 月，全国第一家脱硫基地——武汉脱硫环保产业基地，在武汉成立。酸雨污染是全球关注的严重环境问题，它是燃用煤炭等化石燃料而产生的大量酸性气体（二氧化硫）随同燃烧的烟气排入大气所致。资料显示，我国已成为世界二氧化硫排放第一大国。防治酸雨污染，就要控制二氧化硫排放，成立武汉脱硫环保产业基地，是加快环保产业发展，促进环境创新的又一重要举措。

三、清洁生产监测技术研发与积累

1987 年 6 月，湖北省环境监测中心站对"湖北省工业污染源调查与评价"课题进行了鉴定。课题组成员在 1985～1987 年，对全省 5 000 多家工业企业的排污情况，以及用水、能耗、锅炉窑炉及治理设施做了详细调查。该研究及其系列成果为区域及行业污染治理提供了科学依据，为许多企业节能降耗、资源回收找到了方向，促进了企业技术改造和污染治理及资源利用。

1989 年 4 月，长江中下游江汉平原东部地区地下水环境背景值测试方法研究，由湖北省地质实验研究所承担并完成，并通过鉴定。该测试方法是设计封闭或局部屏蔽实验工作环境，采集样品进行分析测定，制定质量标准和监控方法。

采用原子吸收法测定 Cd、Cr、Cu、Ni、Pb、Zn，采用原子荧光法测定 Hg、Ag 等 8 个元素。经用户对其中 5％的密检样品验证，合格率达 100％；经中国环境监测总站按美国环境保护局（Environmental Protection Agency，EPA）标样一次考核，全部合格。1988 年 12 月 7 日获中国环境监测总站颁发的实验室资格认证《U·S·EPA 标样合格通知书》。地下水环境背景值测试国内尚无成熟的方法及要求，它的研究成功，对我国开展环境地质地下水监测有重大的实用价值。

1992 年，由水生所研究员沈韫芬等研究成功的水质——微型生物群落监测——PFU 法，已被国家环保总局批准为国家标准，并从 4 月 1 日起实施。PFU 法是应用微型生物群落预报水质污染物的环境效应。该法经过有关科技人员近十年来的研究改进、反复试验和大面积推广应用，先后对长江、嘉陵江、乌江、沅江、澧水等进行水质评价，对水污染工程的可行性、化学品安全浓度进行预测、预报，试验结果充分证明 PFU 法具有重复性好、对比度大、取材方便、成本低、监测时间短、获得结果快等特点。1992～2003 年，他们先后运用此法对葛店化工厂的农药废水、北京燕山石化的石油废水、武汉市生活废水及长江上游部分江段饮用水进行监测，主持撰写了 82 万字的《微型生物群落监测新技术》，在我国首批批准开展生物监测的 20 个城市中，已有 12 个城市开始推广应用这种快速、经济、准确的 PFU 法。

1997 年，湖北省水资源水环境监测网点全部通过国家计量认证。全省水资源水环境监测现有省中心和武汉、荆州、黄冈、宜昌、襄樊、恩施、十堰、孝感、黄石、咸宁 10 个分中心、100 多个监测站点，监测网点遍布各条河流，担负着全省的水资源水环境监测、评价分析工作。这标志着湖北省监测网点承担的地表水、地下水、生活饮用水、专业用水、工业废水和城镇生活污水、降水、水量和水文要素等 86 个项目，具备了按照国家行业标准为社会提供公证数据的能力。同年，国家环保局指定北京、上海、天津、武汉等 10 城市为开展环境质量周报工作的城市。环境质量周报的内容包括空气中的二氧化硫、氮氧化物和总悬浮颗粒物三个项目的监测结果。

2000 年 11 月，由长江船舶设计院设计、江西江新造船厂建造的"长江水环监 2000"监测船，交付长江水资源保护局在长江投入使用。水利部、长江水利委员会及湖北省的环保专家随船在长江武汉江段观摩了监测船进行水质取样及即时分析工作流程。专家认为，"长江水环监 2000"监测船能够快速、准确地进行长江水环境监测，大大提高了检测速度和效率，监督、监测沿江入河排污状况，并对省界水体、重点污染河段及水污染事故实行动态监测，这将大大加强长江水资源保护，并利于开展水资源保护的科研工作。据悉，"长江水环监 2000"船上配备有雷达和卫星定位仪等先进导航设备，航行速度达到每小时 30 千米，较过去提高两成。而且具备自动采样和即时分析检测功能，这是长江上过去使用的水环境监测船所不能进行的。该船还设有化学分析室和仪器室，拥有多参数水质自动监测仪、紫外光度仪等国内一流的检测装备，能够迅速采集 100 米水深范围内水质、水生生物及底质样品。此外，船上还配备有测距仪、多普勒流速仪等测量装备，并配备有便携实验室系列设备及冲锋舟，当长江流域发生大洪水或突发事件时，相关水质监测工作也可及时进行。

第三节　武汉清洁生产产业基础雄厚

武汉作为我国中部地区重要的工业城市，在清洁生产产业发展方面实力雄厚，产业基础雄厚，尤其是与清洁生产相关的环保产业具有一定产业基础，这为武汉市的清洁生产产业发展创造了良好条件。

一、武汉清洁产业正在形成

2010 年，武汉节能环保产业完成工业总产值 298 亿元，其中，环保设备（产品）产值 94 亿元，占 32%；资源综合利用产值 55 亿元，占 18%；节能技术与设备（产品）产值 66 亿元，占 22%；环境服务产值 83 亿元，占 28%。在全市节能环保设备（产品）生产制造中，水污染防治设备实现产值 32 亿元；空气污染治理设备实现产值 24 亿元；固体废弃物处理设备实现产值 25 亿元；噪声与振动控制设备、环保药剂与新材料、环境监测仪器仪表等实现产值 13 亿元。作为正处于工业化中期的传统老工业基地和重化工业密集区，武汉具有良好的产业基础、发达便捷的区位交通条件和丰富的科教资源，具有发展清洁生产产业的综合优势和潜力。

1. 产业规模迅速扩张

武汉环保产业起步于 20 世纪 70 年代末期，初期发展较为缓慢。"十五"期间，随着国民经济的高速发展，武汉的环保产业获得长足进展，环保产品生产、资源综合利用、洁净产品生产和环保技术服务已成为湖北省环保产业的主体结构。这些产业主要分布在经济较发达的武汉、宜昌、荆州、潜江四市。尤其是在"十一五"期间，武汉牢牢把握国家中部崛起、"两型社会"综合配套改革试验区和国家自主创新示范区建设等机遇，在激烈的市场竞争中确立并积累了环保产业发展优势和发展后劲，环保产业一直保持 20% 以上的增长速度。2010 年武汉环保产业产值占武汉 GDP 的 6.3%，远远高于同期全国 2.76% 的环保产业比重，目前湖北省 70% 的环保产业产值来自于武汉。

2. 产业门类较为齐全

经过多年发展，武汉环保产业领域和环保运营市场不断拓展，目前已经形成具备一定规模，且门类较为齐全的产业体系，涵盖了水、气、声、渣、辐射等领域，涉及环保设备制造、产品生产、工程承包、资源综合循环利用、生态修复、技术服务等方面。其中，技术服务行业中的污水处理工程的设计与施工、垃圾处理工程的设计与施工、大气防治中脱硫工程的设计与施工，乃至以后的大气脱硝工程甚至低碳产业已成为湖北省环保产业的发展主流。被认为是世界上最大潜环保市场的产业——土壤修复，也正在起步中。

3. 环保产业逐步成为武汉的支柱产业

2004 年，武汉城市圈环保类产业完成产值 3.4 亿元，仅仅占圈域工业的 0.1%。当时在全国的区位熵①却高达 4.47，居国民经济 39 个大类行业之首。此后，武汉环保类产业以年均 20% 的速度增长，2008 年总产值突破 200 亿元，对 GDP 的贡献率达 5.8%（同年全国平均水平为 1.6%），成为武汉继钢铁、汽车、光机电、烟酒后的又一个过百亿元的支柱产业。2010 年武汉环保产业产值达 350 亿元，占 GDP 的 6.3%，已追平并大有超越发达国家（占 GDP 的 5%～7%）之势。截至 2010 年，武汉从事环保产业的企事业单位达 400 余家，从业人员超过 6 万人。

4. 环保科产业初具规模

武汉环保产业从 1997 年开始进入快速发展阶段后，到 2012 年已形成规模，环保产业门类齐全，涵盖了水、气、渣、噪声等环境治理领域，涉及环保设备制造、产品生产、工程承包、设计、资源综合循环利用、洁净生产、环保科技咨询、能源开发等方面，拥有一批领先于全国同类水平的先进技术和优势项目。2010 年，全市从事环保产业的企事业单位有 400 余家，从业人员超过 6 万人。其中，重点从事环保产业的企事业单位有 145 家，年产值超过 1 000 万元的有 70 余家，超过 5 000 万元的有 40 余家，超过亿元的有 20 余家。协会会员单位 150 多家。据统计，武汉环保产业科工贸产值，从 1997 年开始，连续多年增速保持在 15%～20%，占全市 GDP 的份额从 1997 年的 1.1% 升至 2010 年的 6.3%。2011 年，节能环保产业工业产值已达 365 亿元，是继武汉钢铁、汽车、光机电、烟酒之后的又一个支柱产业。为环境保护和武汉经济建设做出巨大贡献。在拥有自主知识产权的高新技术、科工贸产值、发展前景等方面位居全国副省级城市前列。

根据经济合作与发展组织（简称经合组织）成员国的经验，环保产业越来越成为技术驱动型的产业。由于环保产业属于新兴产业，发达国家与发展中国家的

---

① 区位熵：指某产业在研究区域的产值或就业人数所占的百分比与同一产业在全国的产值或就业人数所占的百分比之比，用于判断某一产业在地区的集聚程度。若区位熵大于 1，则表明研究区域的该产业相对于全国来说具有比较优势，集聚程度比较高。反之则不具有比较优势。

"技术鸿沟"相对较小，更容易实现技术跨越，这是湖北省抢占新技术制高点和抢先发展潜力产业难得的契机。目前，武汉大部分环保企业已具备一定的科技创新能力，部分技术已达到国内甚至国际领先水平。例如，凯迪电力引进开发的回流式循环流化床烟气脱硫技术已应用于多项工程，到2013年，该企业占全国脱硫市场40%的份额；都市环保自主开发的氨法烧结烟气脱硫技术已达国际领先水平，低热值高炉煤气综合利用技术市场占有率可达70%；中钢天澄在除尘技术领域一直处于国内领先水平，拥有国家级成果奖5项、省部级奖41项，发明及实用新型专利28项。武汉科梦的除氨专利技术被国家确认为"十一五"期间重点环境保护实用技术。

武汉环保产业在科技资源、研发水平、工程力量、科工贸产值方面均稳居全国副省级城市之首。尤其在钢渣矿渣综合利用、中高浓度氨氮废水处理、大型电站烟气脱硫、环境监测、生物环保材料、新能源等方面，拥有一批领先于全国同类水平的先进技术。在大气治理、工业废弃物循环利用、污水处理、农业废弃物处理四大领域，已走在全国的前列，形成相对完善的产业链条（图3-1）。以废气、废水、废弃物资源循环利用为特色的武汉环保产业，已成为"十一五"期间全市经济发展新的增长点。由于武汉城市圈重化工业唱主角的状况呈不断强化趋势，结构性耗费与污染较为突出和集中，具有突破性、大规模发展环保产业的需求和潜力，预计到2017年，武汉环保产业年产值将超过千亿元，有望跻身全国"环保之都"行列。因此，跨越性发展环保产业，必将成为湖北省转变经济发展方式，推进产业结构生态化调整升级的主攻方向。

二、清洁生产产业集群正在形成

武汉在污染治理技术与设备方面，产品科技含量总体较高，一批成熟技术已步入市场，并取得良好效果。

武汉锅炉厂生产的碱回收炉，为国家重点推荐的高、新、节能环保产品，国内市场占有率达到90%，并出口东南亚地区；武汉方元环境科技股份有限公司开发的光电催化氧化一体化设备在处理印染废水、苎麻脱胶废水等方面取得很好的处理效果；181厂研制出反渗透膜分离技术，形成了以膜分离技术为特色，以水处理成套设备为主导的环保水处理装备生产体系等；在烟气治理方面，武汉凯迪在除尘器、脱硫技术和设备等方面发展较成熟，占领国内大部分市场；武汉安全环保研究院在承担"八五"国家重点攻关项目基础上开发的专利技术及国家重点新产品，如电除尘器、袋式除尘器及移动通风口装置、中小型燃煤装置烟气除尘脱硫一体化设备；在固废物处理及环境监测设备方面，华中科技大学研究开发的医疗垃圾处理设备与技术及新型在线监测仪器设备等也成为我国环保设备的一个亮点；武钢开发了新的钢渣处理生产线，将转炉炼钢过程中产生的钢渣进行破

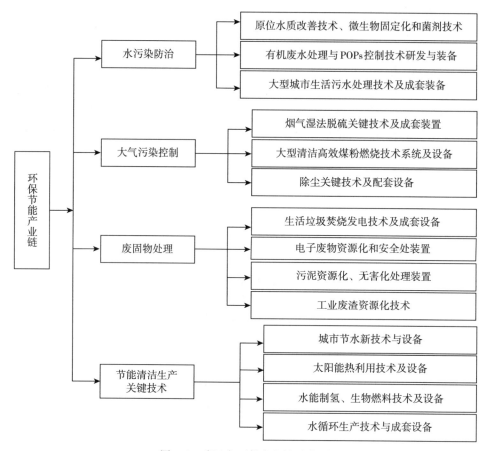

图 3-1　武汉市环保产业链示意图

碎、磁选、分离、磨细等深加工处理，分离出的粒子钢可以回炉炼钢，剩下的粗颗粒作为高速公路路面的骨料，碾成末的细钢渣粉作为水泥和混凝土高活性掺合料，水洗下来的泥浆还能生产钢渣砖，从而使武钢的钢渣处理实现了"零"排放；武汉味精厂利用生产味精排放的废液回收生产出蛋白饲料产品；湖北娲石公司利用电厂的粉煤灰作为生产水泥的掺合料，其企业标准已作为国家标准推广使用；宜化集团和安琪股份均投资数千万元，建立了污水处理系统，宜江集团在核酸胺生产中实现废水"零"排放，废气和废渣均实现回收利用。

　2009 年 12 月国务院批准武汉东湖高新区成为继北京中关村之后的第二家国家自主创新示范区。近几年，在国家发展和改革委员会（简称国家发改委）、环境保护部等有关部门的支持下，武汉先后建立了以武汉锅炉厂、凯迪电力等企业为主体的烟气脱硫技术产业基地，以及以 181 厂、远东绿世界、飞翔环保等为主体的消除白色污染产业基地；成立了武汉青山国家环保产业基地，形成了一定规模的环保产业集群和产业优势。东湖高新区已确定"加速度"发展目标：2013年，高新区的光电子信息、生物、新能源、环保和消费电子五大产业总规模达到5 000亿元；到2018年力争突破1万亿元。相对完整的环保产业集群正在形成。

三、龙头企业成长迅速

目前，武汉已形成一批在湖北乃至全国都有重要地位的龙头企业，武汉已形成庞大的产业团队，由凯迪控股、中冶南方等20余家年产值过亿元的企业领跑，其中凯迪控股2013年产值为130.62亿元，成为武汉清洁生产行业的龙头企业。40余家产值过5 000万元的企业紧随其后，产值超千万元的70多家企业成为第三梯队。以武汉凯迪电力股份有限公司（简称凯迪电力）、中冶南方工程技术有限公司（简称中冶南方）、中钢天澄、武汉科梦、天虹仪表等为龙头的企业极具发展潜力和开发前景，产品技术在国内外同行业中处于先进水平。以湖北省环境科学研究院、中铁第四勘察设计院、湖北省五环科技股份有限公司、中冶南方工程技术有限公司等为代表的单位拥有环境影响评价的甲级资质，业务能力在国内处于领先地位，2008年全国十佳环保企业中武汉占两家。

（1）凯迪电力是由北京中联动力技术有限责任公司、武汉大学、武汉东湖新技术创业中心、武汉水利电力大学凯迪科技开发公司等共同发起成立的，该公司致力于环保产业、新能源及电力工程新技术、新产品的开发和应用，主要从事电力、新能源相关业务，煤层气（煤矿瓦斯）、页岩气资源勘探抽采项目开发利用的投资与管理、技术研发、综合利用，以及承包境外环境工程的勘测、咨询、设计和监理项目。该公司将依托先进的生产技术、科学的管理理念、高度的社会责任感建立一个以工业为支柱、工业带动农业、涵盖新能源工业、绿色农业、林业的低碳循环经济体系，为农民造福、为国家造福、为世界造福。该公司在生物质燃料方面技术全国领先，在湖北、湖南、安徽、重庆等地陆续建设投了十几个生物质电厂，每年消耗农林废弃物达几百万吨，履行"奉献环保，造福人类"的使命，输出成熟的生物能源商业模式，推动发展中国家进入绿色工业化道路，共同保护人类唯一的地球家园。公司积极开拓海外项目，推进生物能源产业"人才国际化、资本国际化、技术国际化、市场国际化、产业规模化、管理科学化"的进程，引领世界生物能源产业的发展。成为行业的翘首，引领武汉环保产业的发展。

（2）中冶南方。该公司前身为冶金工业部武汉钢铁设计研究总院，主要从事钢铁、环保、市政、建筑工程咨询、设计和工程总承包；硅钢、机械、电器、热工产品制造；清洁能源、节能环保、工业气体项目的投资、建设、运营等。中冶南方拥有领先的环保高新技术及雄厚的人力资本优势，能提供城市垃圾综合处理、盐酸再生、污水污泥处理、废气烟气治理（除尘、脱硫）、环保热电等环境保护与资源再生利用工程的技术研究、咨询、设计、设备成套供货、工程总承包、调试和项目管理、工程运行管理等全流程服务，具有较强的环保技术开发、工程管理和投融资能力，在国内外环保市场开拓方面成效显著。公司结合工业生产进行专业生产设计，极大提高能源使用效率并降低污染排放，承担国内武钢三炼钢2号转炉烟气除尘技术改造工程、广西柳州钢铁（集团）公司83立方米1号、2号烧结机头烟气脱硫工程、日照钢厂转炉余热饱和蒸汽发电工程等著名的生产环保项目，并将业务拓展到海外，客户遍及亚洲、南美洲等20多个国家和地区，在俄罗斯、马来西亚、印度、越南、中东等国家和地区承建了多项重要工程。2007～2011年，中冶南方海外新签合同累计折合人民币超过34亿元，是"中国对俄罗斯出口和服务500家优质企业"和"湖北省对外开放先进单位"。

（3）中钢天澄。中钢天澄主要从事环保技术及产品的开发、研制、设备制造及相关技术咨询、技术服务，环保工程设计、施工，环保设备零售兼批发，自营和代理各类商品和技术的进出口。中钢天澄是中国环境保护产业协会骨干企业，是国家科技部、国务院国有资产监督管理委员会（简称国务院国资委）、中华全国总工会认定的第二批创新型试点企业，是国家火炬计划重点高新技术企业，是中国环保产业协会袋式除尘专业委员会主任委员单位、中国环保产业协会电除尘专业委员会秘书长单位。主要技术包括燃煤电厂锅炉烟气微细粒子高效控制技术，防爆、节能、高浓度煤粉收集技术，长袋低压脉冲袋式除尘技术，烟气脱硫技术，烟气半干法脱酸技术，烟囱防腐技术，尘源控制技术等。2012年9月至11月，武汉钢电股份有限公司♯1发电机组停机大修，期间同时完成锅炉低氮燃烧器改造工程、新建脱硝工程、空气预热器改造工程，均由中钢天澄承建，并远赴土耳其承担相应业务，成为国内钢铁行业重要清洁生产技术供应商。

（4）武汉高科农业集团有限公司（简称高农集团）是2003年5月经武汉市人民政府东湖开发区管委会批准成立的一家大型全资国有企业，是集产业开发、资本营运、投资引导、企业孵化于一体的综合性农业科技产业集团，注册资金8亿元，目前资产总额23亿元，所属企业19家，其中全资企业4家，控股企业2家，参股企业13家，该公司最大的特点是适应国家战略保障民众"舌尖上的安全"，推广农业清洁生产技术。该公司在生物饲料方面形成独特的技术优势，擅长农作物生产过程中残留检测，并推广生物农药，在修复受损土地方面形成了强大的技术修复能力。为了抢占土地修复市场前沿，2011年该公司参与组建全国污染场地土壤修复产业创新战略联盟，该公司正在成长为该领域的重要领军企业。

第四节　循环经济成为清洁生产特色

经过多年的努力，武汉结合国家的政策和本市的技术与产业基础，在发展循环经济和环保产业方面具有良好的基础。

一、循环经济的基本特征

2004 年 9 月 28 日国家发改委主任马凯在全国循环经济工作会议上指出："概括地说，循环经济是一种以资源的高效利用和循环利用为核心，以'减量化、再利用、资源化'为原则，以低消耗、低排放、高效率为基本特征，符合可持续发展理念的经济增长模式，是对'大量生产、大量废弃'的传统增长模式的根本变革。"（于凤川，2006）中国工程院院士、清华大学教授金涌指出："循环经济要求在充分、重复、循环利用资源，优化、梯级利用能源及可再生能源，环境污染源头防治的前提条件下，寻求企业效率和效益的最大化。如何从工程技术和管理方面构建循环经济的支撑体系，无疑也是一个艰巨的任务。"（于凤川，2006）

循环经济工程的终极目标是促进人类生产方式、生活方式和思维方式的根本变革，推动人类进入现代生态文明时代，实现人类的可持续发展。它与每个人、每个领域都息息相关。因此，可以说循环经济工程是一个十分典型的复杂系统（表 3-2）。

表 3-2　循环经济基本构成与特征

系统	结构和功能
绿色企业家系统	培育、激励绿色企业家作为循环经济发展主体
水资源开发利用系统	水资源保护、污染防治、中水利用、海水淡化、节约用水
矿物及材料资源系统	综合利用、新材料开发、节材降耗、废弃物回收利用
能源系统	节能降耗、可再生能源开发利用、新能源开发
生态农业系统	农业废弃物利用、沼气工程、有机农业、封山育林
循环经济基础设施系统	生态工业园区、废弃物物流及处理系统
城乡生活垃圾回收利用系统	生活垃圾分类回收、综合利用、无害化处理
终端废弃物无害化系统	终端废弃物分类回收、无害化处理
绿色科学技术支撑系统	循环科技新原理、新材料、新产品、新工艺、新设备开发利用
主体功能区改造重建系统	城乡主体功能区改造、重建，使其生态化
生态功能区修复建设系统	生态功能区修复、维护、培育，强化其功能
总体规划设计系统	规划、战略、设计方案制定和执行
法规政策系统	制定法规政策，依法发展循环经济

续表

系统	结构和功能
绿色 GDP 统计系统	将资源、环境等自然资本纳入国民经济核算体系
环境评价咨询系统	战略环评、自然资源价格评估、工程咨询
绿色财税系统	绿色财政、绿色税收，加大对循环经济扶持
绿色金融系统	绿色信贷，加强对循环经济的支持
绿色消费系统	倡导绿色消费，提倡健康生活方式
舆论监督系统	各种大众传媒加强环境监督，倡导绿色伦理
其他系统	其他

我国从 20 世纪 90 年代起引入了关于循环经济的思想，形成了一种新经济发展模式。国家发改委资源节约和环境保护司在研究中指出，循环经济应当是指通过资源的循环利用和节约，实现以最少的资源消耗、最小的污染获取最大发展效益的经济增长模式；其原则是"减量化、再利用、资源化"；其核心是资源的循环利用和节约，最大限度地提高资源的利用效率；其结果是节约资源，提高效益，减少环境污染。

因此，循环经济是物质闭环流动型（closing materials cycle，CMC）经济，要求把经济活动组织成一个反馈式流程，所有的物质和能源要能在这个不断进行的经济循环中得到合理和持久的利用，从而把经济活动对自然环境的影响降低到尽可能小。循环经济是对传统的以"高开采、低利用、高排放"（所谓"两高一低"）为特征的"资源—产品—污染排放"单向流动的线性经济模式的革命。

二、依托青山探索循环经济发展模式

武汉各个区充分结合自身实际，因地制宜地发展工业循环经济，推动了一系列项目和园区的建设，形成了一定的工业循环经济规模。东西湖区形成以世源热电厂为中心的新沟循环经济圈。新洲区推进电厂废渣、水、汽、脱硫石膏等废弃资源在相关企业间的循环综合利用，形成以阳逻电厂和亚东水泥为主的两条工业经济循环产业链。江夏区培育发展以金凤凰纸业、中周钢铁炉料、江夏江南实业等为主的再生资源利用企业群。武汉经济技术开发区推动建设以东风本田、名幸电子、可口可乐、晨鸣等企业为代表的"绿色工厂"和"绿色园区"。青山区依托武钢、武石化、青山热电厂等驻区大企业，引导企业投入 100 余亿元，初步探索形成企业、企业间或园区、废物回收及社会四个层面的循环经济发展体系。其中青山区的循环经济发展最有特点，代表着武汉循环经济发展的最高水平，下面以青山区为例来分析武汉循环经济发展的基本特点。

青山区工业循环经济发展具有以下三大基本特点。

第一，建立实现"大中小"三层面立体循环经济发展体系。青山区从企业、园区、社会三个层面深入推进循环经济试点示范，实现了突飞猛进的发展。辖区内企业加快技术改造步伐，采用先进的节能新工艺、新技术和新装备，促进能源节约，实现了资源共享和企业内部的"小循环"。目前，青山区已发展成为拥有以固体废弃物综合利用、基础设施共享为特色的工人村都市工业园，以环保设备生产、增值服务的节能环保科技园，以循环经济支撑技术研发、咨询服务为特色的高新技术园等三位一体的园区经济模式，基本实现了园区的"中循环"。同时，在青山多个领域突出低碳建设，打造"两型机关"、"两型社区"和"两型家庭"，率先在全市启动高效照明灯推广工作，在新建生活小区启动垃圾生化处理、中水回用、太阳能利用示范项目建设，试行自行车免费租赁，破解"最后一公里"居民出行难题，努力实现社会的"大循环"，可以说是在高碳地区创出了一番"低碳"事业。

第二，辖区重点项目积极推进。青山区依托辖区内一大批钢铁、石化、船舶、电力、机械制造等国家重点企业，按照差异化发展的原则，以清洁生产、节能减排、污染治理、"三废"循环利用为切入点，推动企业间、产业间能源资源梯级利用，重点推进了青山热电厂与武石化蒸汽热电联供、武钢—武石化工业气体利用、武钢—建研院脱硫石膏综合利用、青山热电厂—青山都市工业园集中供热等耦合项目。通过构建企业间、产业间循环生态链，初步形成循环工业模式。大力支持武钢、武石化、青山热电厂等大企业继续推进以"源头削减"为核心的清洁生产工作，武钢等13家企业已通过清洁生产审核验收，平煤武钢焦化等6家企业被评为市循环型企业。同时，充分发挥财政资金引导作用，全面完善政策激励机制。自2008年以来，上报省大循环经济示范区专项资金支持项目12个，总投资36.79亿元；上报市循环经济引导资金支持项目12个，总投资16.43亿元。

第三，筹建静脉产业园。在《武汉重化工区循环经济发展规划纲要》(2008～2020年)总体目标及思路中提出，要大力发展静脉产业。所谓静脉产业，即资源再生利用产业，是以保障环境安全为前提，以节约资源、保护环境为目的，运用先进的技术，将生产和消费过程中产生的废物转化为可重新利用的资源和产品，实现各类废物的再利用和资源化的产业，包括废物转化为再生资源及将再生资源加工为产品两个过程。武汉将在青山都市工业园、武钢北湖工业园及阳逻开发区等工业园建设静脉产业园，吸引国内外一流企业入驻，在消化现有工业废物的基础上，发展废塑料、废橡胶、废旧木材、废弃混凝土、废油及其他废旧物资再生、废旧汽车拆解等静脉类产业；推动粉煤灰提取氧化铝、磷石膏制砖、高炉渣制矿棉及微晶玻璃、油泥及化工废渣综合利用、废钢处理中心、机电再制造等项目，制定行业准入相关政策，使静脉产业朝清洁化、规模化、高附加值方向发展；充分利用现有工业设备来消化社会废弃物，支持水泥窑及电厂锅炉焚烧可燃垃圾及危险废物、炼焦炉处理废塑料、化工设施处理废塑料等项目。

三、循环经济发展稳步推进

武汉利用青山区发展循环经济的实践，取得了发展清洁生产的巨大成就，主要体现在以下几个方面。

第一，提高废弃物综合利用率，减少污染物的排放。传统工业生产中产生的大量固体废弃物、矿渣、粉尘、余热、废水等，过去多是依山坡、沟渠堆弃和排放，严重污染大气层、地表土壤及地下水体。现在，通过发展工业循环经济，狠抓资源综合利用、循环利用，增加各种排污排废处理装置，资源利用效率大幅提升。例如，通过充分利用各类粉煤灰、脱硫石膏、钢渣、尾矿、建筑垃圾等发展新型墙体材料。2011 年，青山区工业固体废物综合利用率达到 93.95%，工业用水重复利用率为 80%。

第二，单位生产的能耗有所下降。武汉将节能减排作为推进工业循环经济发展的重要手段，组织推广了清洁能源机制、合同能源管理等市场化节能新机制。"十一五"期间，武汉万元生产总值能耗从 2005 年的 1.36 吨标准煤下降至 2010 年的 1.06 吨标准煤，累计降低 22.06%，规模以上工业万元增加值能耗累计下降 40.38%，以能源消费总量年均 9.22% 的增速支撑了 GDP 年均 14.8% 的增速。青山区在全市率先启动了武钢钢电股份、471 厂等 8 家企业"清洁生产审核 3 年行动计划"，关停了武汉水泥厂等一批污染严重的水泥企业。实施工程减排，投资 90 万元，设计日处理 300 吨的武汉船用机械有限公司污水处理站投入使用；实施武汉天时利冶金科技有限公司原料系统改造，武汉市青山北湖铁联矿业有限公司通过烧结除尘系统改造，实现二氧化硫减排。开展禁燃区和控制区内高污染燃料燃用设施拆除和改燃工作。2011 年，青山区万元生产总值能耗下降至 3.7 吨标煤，比上年下降 4.63%，单位工业增加值能耗下降 5.1%。2012 年上半年，空气质量优良天数达 148 天，优良率 81.3%。青山区主要污染物二氧化硫、氮氧化物、化学需氧量、氨氮减排率分别为 1.9%、1.0%、1.5%、1.5%，节能减排力度进一步增强。

第三，培养了一批服务循环经济专业人才。围绕循环经济的发展，青山区充分利用人才资源存量向循环经济转移，造就一批专业人才队伍。青山区拥有各类专业技术人才 5.7 万人，占从业人数的 1/4 以上，万人拥有专业技术人员 1 300 余名，高于全市、全省平均水平，还有以钢铁冶金、材料、机械、控制等学科为特色的武汉科技大学等高校。青山区辖区内，省级以上重点实验室 6 个、工程技术中心 10 个、企业技术研发中心 3 个，其中，中钢集团武汉安全环保研究院、武汉钢铁设计研究总院均进入全国环保科研单位 100 强。青山区雄厚的技术研发、环境治理、设备制造实力，为循环经济发展提供了不竭的智力支持与动力。

第五节　武汉清洁生产成就显著

经过持续不断的努力，武汉清洁生产取得一定的成就，为下一步推行清洁生产奠定了基础。

一、清洁生产管理体系逐步形成

随着武汉清洁生产模式的运行和发展，武汉清洁生产管理体系不断完善，初步形成了法规强制、政策引导、产业规范、企业自主的良好运行机制，完善了政府、企业、咨询机构三位一体的清洁生产管理和运行服务机制。武汉东湖新技术开发区节能评审流程如图 3-2 所示。

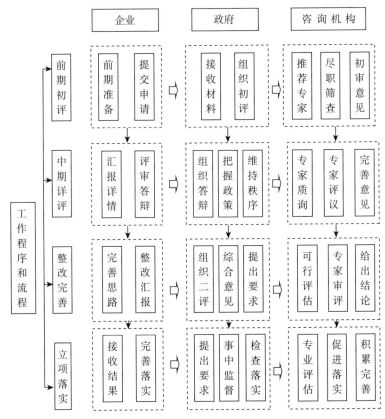

图 3-2　武汉东湖新技术开发区节能评审流程

二、清洁生产取得一定成就

"十一五"期间武汉市经清洁生产审核验收合格企业 64 家，共提出无/低费清洁生产方案 1 918 项，实施了 1 598 项，占 83.32%，投入无/低费方案资金4 337.59 万元，产生年经济效益 31 562.89 万元；提出中/高费清洁生产方案 271项，实施了 193 项，占 71.22%，投入中/高费方案资金 405 852.31 万元，产生年经济效益 116 239.06 万元。64 家企业实施清洁生产前后对比，能源资源消耗大幅降低、污染排放大幅降低。自 2010 年开始，年节电 31 657.05 万千瓦时，节约原煤 127.83 万吨，节约蒸汽 174.32 万吨，节约燃料油 3.31 万吨，节约用水 738.01 万吨，节约煤气 61.32 万立方米，节约液化气 4.34 万吨，节约主要生产原材料 130.06 万吨。万元产值综合能耗由 0.78 吨标煤降为 0.69 吨标煤，综合能耗下降率 11.54%；COD 排放量由 14 480.14 吨降低到 8 543.01 吨，降低率41%；二氧化硫排放量由 30 150.4 吨降低到 22 597.65 吨，降低率 25.05%；NH_3-N（氨氮）排放量由 512.3 吨降低到 389.04 吨，降低率 24.06%；粉尘排放量由 14 000.23 吨降低到 11 508.38 吨，降低率 17.80%；固体废弃物综合利用量（不含武钢数据）由 770 380.74 吨提高为 841 969.68 吨，综合利用率提高9.29%[①]。同时武汉市东西湖区新沟工业园经国家发改委和国家环保总局等部委批准为全国循环经济产业园试点地区。2005 年，国家环保总局还将武汉确定为"中国加速淘汰消耗臭氧层物质行动示范市"之一。

三、大型企业清洁生产逐渐自主化

由于各个行业清洁生产模式有所不同，故下面选用几个有代表性的公司进行描述。

（1）以烟叶生产全过程管理控制为中心的烟叶清洁生产模式已在武汉地区推进多时。为了实施清洁生产，保护生态环境，武汉卷烟厂持续加大在烟叶生产过程中的管理力度，于"十一五"期间，共计投资 2 000 多万元实施节能减排技术改造，为节能减排工作奠定了坚实的基础，并引入 GAP（good agriculturalpractice，即良好农业规范）生产，建立完善清洁生产标准体系，率先提出并制定了"非烟物质控制技术规程"行业标准。具体来说，一方面在田间管理过程中对烟田及周边的废弃物及时集中收集处理，既保持了烟田的清洁卫生，也有效降低了对周边环境的污染；另一方面，在烟叶的采收、装运、编烟、烘烤、保管过程中要严格保持干净清洁，最大限度地清除烟叶中的一切非烟物质，防止烟叶二次污染。其效果是显著的，武汉卷烟厂单位产品综合能耗由 2006 年年初的

---

① 数据来源于武汉市环保局，http://www.whepb.gov.cn/lxHbjs/.

19.21 千克标煤/箱下降到 2010 年年末的 13.53 千克标煤/箱，降幅为 29.57%；万元产值综合能耗由 2006 年年初的 18.85 千克标煤/万元下降到 2010 年年末的 7.02 千克标煤/万元，降幅达 63%，节约用水 360 吨/年，节电 24 000 千瓦时/年，节约资金 695 万元，取得了良好的经济效益和社会效益，促进了资源节约和清洁生产。

(2) 神龙汽车公司于 2007 年开始推行清洁生产，实施了 20 个清洁生产方案。例如，为了抑制在汽车生产过程中所产生的废水、废气、废渣等污染物，在生产过程中大批量地运用新型环保材料，如适应限制闭塞海域（河、湖）富营养化排放法规的无 P、N 型生物可降解表面活性剂的脱脂剂、无铬钝化剂等。同时大力改变工艺和设备。例如，引进"物料资源优化下料系统"，极大地提高了企业的物料资源利用率，钣金件余料由钣金件供应商直接回收，进行回炉材料再生。在焊装工序中，对焊烟废气进行回收，焊接采用二氧化碳保护焊并进行尾气净化。实施方案投入资金共 118 万元。2007 年节约自来水 7 万吨，节电 1 880 万千瓦时，万元产值综合能耗下降 5.50%，年净增经济效益 160 万元，累计节约能耗 25 702 吨标准煤，节水 21.64 万吨/年，减少 COD 排放 20.52 吨/年，减少油料消耗 129.65 吨/年。废溶剂回收循环使用、电泳漆更新换代等方案实施后，技术指标均达到了原设计要求，取得了良好的环境效益和经济效益，全面完成了 2007 年清洁生产审核中提出的清洁生产目标任务。2008 年 6 月获得武汉市发展和改革委员会（简称武汉市发改委）、武汉市环保局颁发的"武汉市清洁生产企业"称号。

(3) 作为武汉首批清洁生产试点企业，长飞光纤有限公司 2007 年开始推行清洁生产，并在 2008 年 3 月通过首轮清洁生产审核验收。在第一轮清洁生产审核中，公司共实施了 22 个无/低费方案和 1 个高费方案。例如，厂区更换整流器，将可控硅整流器更改为额定电压与槽电压相匹配的开关整流器，节约能源，稳定镀液沉积速度，节约金属材料，增加高频开关电源 23 台（套），从源头控制污染，节约能源；又如，通风系统改造，对厂区通风系统进行改造，提高能源利用率，减少粉尘污染。方案提高能源利用率，减少粉尘污染；改进空调设备，将中央空调的功率降低，适用于现在车间面积。这些方案使单位光纤产品耗电耗水量分别下降 5% 和 1%，其废水废气的排放量也分别下降 3% 和 4%。同时，年减排废物渣 0.4 吨，工业废水没有因产量扩大而增加，年削减 COD 负荷 2.7 吨，年节省资金约 20 万元。面对"遏制全球变暖趋势、保护地球家园"的严峻形势，2011 年 7 月起长飞光纤有限公司又进行了第二轮清洁生产审核，并在 2011 年 12 月再次通过清洁生产审核验收。在新一轮清洁生产审核中，公司共实施了 23 个无/低费方案和 1 个高费方案，单位光纤产品耗电耗水量在原有基础上又分别下降 3% 和 1%，废水废气排放量也下降 2%。无/低费方案和高费方案的实施使公司年节省费用近 20 万元。

（4）与 2005 年比较，武钢集团通过对生活污水的综合利用，对炼钢炉渣的再循环，对老旧煤气管道的再改造，以及球团矿选烧项目的建设，使 2010 年二氧化硫排放量减少 11.3%，COD 排放量减少 23.1%，烟粉尘排放量减少 3.6%，均超额完成国家、地方政府下达的总量控制指标。吨钢二氧化硫排放量下降 37.4%，吨钢 COD 排放量下降 49.2%，吨钢烟粉尘排放量下降 38.8%，吨钢耗新水下降 78.0%，达到历史最好水平。武钢的节能减排和清洁生产工作得到了各级政府和社会的充分肯定，先后获得“国务院全国第一次污染源普查先进集体”“中国钢铁工业清洁生产环境友好企业”“全省资源节约综合利用先进单位”“湖北省环境友好企业”“湖北省 2008 年十大节能减排行动环保创新单位”“清洁生产企业”等多项荣誉称号。

（5）2005 年武汉石化被列为武汉首批清洁生产试点企业。经过技术评估、经济评估、环境评估、效益测算等手段，2007～2011 年共筛选出可实施清洁生产方案 156 项，其中 82 项无/低费方案已全部实施，实施率 100%；74 项中/高费方案完成 71 项，实施率 95.9%。通过实施清洁生产方案，武汉石化在节能、降耗、减排的同时获得了一定的经济效益。200 吨/时达标污水适度处理装置，将处理后的中水代替新水回用到循环水场作为补充水，在减少外排废水量的同时也节约了新鲜水的用量，至 2011 年年底，回用污水达 144.71 万吨；将两套催化装置低温热与两套气分装置进行热联合，节约蒸汽 38.6 吨/小时，降低全厂综合能耗 5.2 千克标油/吨；将焦化低温热水作为公司原油罐区维温热源和家属区冬季取暖热源，在夏季用于低温热制冷机组进行制冷，将冷媒水代替吸收剂和再吸收剂作为冷却介质，降低干气中 C_3 含量，提高液化气收率，在降低罐区伴热用蒸汽、降低全厂能耗的同时也增加了装置经济效益；对聚丙烯粉料包装线进行了改造，包装误差由 0.5 千克/袋下降到 0.05 千克/袋，降低聚丙烯损失 50 吨/年。通过开展清洁生产审核工作，武汉石化万元产值综合能耗同比下降 34.8%；COD 排放总量削减 27.6%；各项污染物排放达到国家和地方排放标准。COD、氨氮、烟尘、二氧化硫等污染物排放总量符合武汉市环保局下达的总量控制指标。

第四章

武汉市清洁生产存在的问题与原因

武汉的清洁生产取得了巨大成就，但与世界范围内的清洁生产进展相比，仍面临严峻的形势，只有进一步明确制约武汉清洁生产发展的因素，才能有针对性地提出解决问题的对策。

第一节　武汉清洁生产存在的问题

发展清洁生产是一项系统性长期工程，不可能一步到位，需要逐步地发展和完善。武汉的清洁生产在全社会努力下已取得巨大的进步，但与我们建立两型社会和生态文明的需要相比，仍存在一定的差距。

一、产业化水平不高

武汉的环保产业发展尽管取得了一定的进展，但面对激烈的市场竞争，企业竞争力较弱的被动局面暴露无遗，因此进一步提升清洁生产的产业化水平刻不容缓。

第一，部分企业规模小，经营困难。根据武汉市环保局 2013 年调查，武汉环保产业主体基本是中小企业，大型企业数量占比不足 5％，固定资产不到 1 500 万元的企业占八成以上，有一定市场份额和有一定规模的企业（集团）和名牌、支柱产品太少，造成规模经营能力和项目竞标能力不强，集聚效应不足。加之相关配套机制尚未理顺，污染治理收费标准低于成本，且征缴较困难，如城市垃圾处理费征收率仅在 16％ 左右，企业污染治理动力不足。

　　第二，产品和设备档次低。环保设备的成套化、系列化、标准化水平不高，2013 年进口依存度达 35%，一些高、精、尖和大型环境设备的进口比例更高。产品档次较低，其中主要环保产品相当于国际上 20 世纪 60～70 年代水平的占 35%～40%。环保机械产品中技术含量低的占比为 40%，达到国际水平的约占 5%。现有环保产品和设备不能满足不同层次、不同企业，尤其是重化工业主体格局的生态还原要求。

　　第三，环境服务产业成长不足。环境服务业比重是衡量环保产业是否成熟的标志。在欧美发达国家和地区，环境服务业占环保产业的比例通常在 50% 以上。中国环保产业由环境设施建设带动的设备制造和工程在产业中占主导位置，服务业发展落后。据统计，2008 年中国环保产业 4 800 亿元的产值中，环境服务业产值约 1 100 亿元，所占比重约为 22.9%。与全国情况类似，湖北环保产业亦主要集中在环保产品生产及资源综合利用领域，环境服务业发展相对滞后，社会化、专业化程度偏低，虽然目前环境服务业呈快速扩张势头，但整个产业的专业化程度和经营效率并不高。

　　其原因是多方面的，一是经营主体的专业化层次较低。以工程建设为基础的环境服务专业企业在 20 世纪 90 年代后期开始发展，但规模和实力都较弱。提供开发、设计等技术性环境服务的经营主体，主要是事业单位性质的科研设计部门。环境信息、环境咨询、环境贸易等专业企业的发展尚处于起步阶段。二是专业化经营模式缺乏。目前，湖北环境服务业仍以非专业化经营为主。以工业污染治理为例，长期以来污染企业自行治理的现象十分普遍，自行购建污染治理设施、配置专门机构和人员负责设施运营和维护，环保治理设施专业化、社会化运营程度不高。受技术水平的限制，治理污染的效果并不理想。而国际上，工业污染的专业化治理模式多种多样，如承包运营、综合服务、委托治理、参与式管理等。

　　第四，龙头企业面临新的经营困难。凯迪电力作为中国环保产业的领军企业，产业规模和影响力比较大，产值超过 100 亿元。但全球最大的环保企业法国威立雅环境集团 2009 年的营业收入达 491 亿美元；苏伊士环境集团的营业收入为 191 亿美元；泰晤士水务、柏林水务的营业收入也超过百亿美元。其差距可见一斑。尤其是西方国家利用全球气候变暖及节能减排带来的市场扩张机会，都觊觎中国庞大的国内市场并试图利用规模优势和中国企业竞争，这对武汉环保企业造成巨大的压力。此外，凯迪电力市场成长速度不快，该企业在 2008 年产值达到 130.62 亿元，而到 2013 年产值为 90 亿元，剔除物价因素，出现了 -14.99% 的增长率。此外，武汉另一环保企业中冶南方主要从事与钢铁生产有关的节能环保业务，在目前国内钢铁市场不景气的大背景下，各大钢铁企业纷纷限产，缺乏足够的资金支撑环保技术的更新，部分企业原计划的钢铁产能受到国家政策的影

响而不再继续推进，影响了企业的业务发展，2013 年中冶南方上缴利润出现了
－10.93％的增长。市场环境的变化导致武汉的环保类龙头企业都面临不同程度
的经营困难，业务规模扩张缓慢导致企业发展潜力无法得到释放。龙头企业的发
展受阻，影响了武汉环保产业的成长壮大和在国内地位的提升。

　　武汉的清洁生产尤其是环保产业具有良好的发展基础，国家鼓励环保产业发
展的政策正在不断完善，可以预见未来国内的环保产业将面临难得的发展机遇，
各地的环保产业发展也将面临激烈的竞争，武汉环保产业的现状需要进一步突破
产业发展的制约，正视环保产业面临的实际困难，加大扶持力度将其培育成为武
汉未来的支柱产业。

二、技术创新能力不强

　　环保产业本为高新技术产业之一，发达国家环保产业已进入技术成熟期，环
境技术正向深度化、尖端化方向发展，产品不断向普及化、标准化、成套化、系
列化方向发展。武汉环保产业在产业基础、科技研发、设备制造加工方面有一定
的基础和优势，但是与国内先进地区特别是与发达国家相比，在技术创新能力方
面存在较大差距。

　　第一，自主创新能力有待加强。湖北省科研院所的环保技术开发与企业的生
产制造耦合度不高，总体开发能力较弱，科研成果转化率仅为 20％～25％，大
多数环保企业在设计与制造、工程建设与产业发展、科研成果与产业化等方面，
常规技术仍占主导地位，这导致环保产品缺乏国际竞争力。武汉凯迪电力公司和
武锅集团在烟气脱硫领域已具备一定竞争优势，但脱硫技术国产化、产业化及脱
硫工程的系统设计、设备成套、工程施工、安装调试和运行管理方面尚存明显不
足。此外，环境产业技术引进、转化和吸收亦远远落后于其他产业。例如，燃煤
电厂脱硫技术、危险废弃物（包括医疗垃圾）处理处置技术以进口为主；电除尘
器供电电源的控制芯片、袋式除尘器的耐高温滤料和脉冲阀、脱硝催化剂、高强
度抗污染的垃圾渗滤液膜材料均依赖进口；汽车尾气净化装置、餐饮油烟净化装
置及烟气脱硫之后副产品的循环利用技术产品亟待开发；燃煤电站锅炉烟气氮氧
化物排放控制技术等仍是空白。

　　第二，专业化技术水平较低。环境服务业属于技术密集型行业，其综合实力
表现在技术优势上。环境服务业在技术开发、新产品研制、工程应用、信息服务
等方面，与世界先进国家相比，存在较大差距。武汉专门为环保产业服务的信息
部门和机构较少，只有少数单位能提供部分的、重复的信息。企业不能及时了解
武汉环保产业发展的趋势和国内外环保技术、市场状况等，环保企业存在低水平
重复建设和盲目发展现象，环保产业及相关产品供求未很好接轨。尽管国家在制
定战略性新兴产业发展规划时将节能环保产业排在七大产业的首位，武汉市也拥

有一定技术研发和产业化的能力，但迄今为止武汉辖区范围内还没有一家专业性从事节能环保的中介结构，市场需求与产业供给信息不能有效对接，严重制约了产业专业化水平的提升。

第三，技术研发存在市场脱节。武汉地区环保产业技术研发力量很大一部分部分来源于高校，高校普遍存在着人均科研经费投入少、课题小、成果质量不高等问题，并且高校科研工作缺少长期、持续的发展目标，科研定位尚不清晰，目前国家对高校和科研机构的评价依然以专利、论文等形式为主，对科技成果产业化的要求不高，这些都导致科研人员开展产学研合作的动力不够，在科研管理方面还没有形成健全的科技创新评价体系和激励机制，没有形成一支职业化、高水平的科技管理队伍，知识产权保护意识和主动服务经济社会发展的意识也还不强。环保企业以中小型高新技术企业为主，研发投入的高风险性及大型企业激励和考核机制的缺陷，导致企业不愿或不敢投资开展产学研合作，而中小型企业虽有创新动力但实力条件有限无法开展产学研合作，这些都使企业参与产学研合作的积极性不高。因此，武汉市清洁环保技术研发方面存在研发资源与市场需求的错位，研发导向与市场脱节，科研人员收入不高企业技术需求得不到满足，产学研一体化没有形成，制约创新能力与市场化的对接。

第四，企业难以承担长期高强度的科研投入。除了凯迪电力、中冶南方、中钢天澄等企业具有一定的规模，武汉全市环保产业中的中小型企业占85％以上，其中大部分是小型企业，而且多是乡镇企业，企业工艺设备落后，技术开发能力比较薄弱，技术开发投入不足，以企业为中心的技术开发和技术创新体系尚未形成。湖北省具备相当强大的科研力量，主要分布在大专院校和研究院所，但尚未建立一套有效的科技创新体制和激励机制，科研与应用脱节，科研成果未能得到有效转化。特别是现代清洁生产技术需要研发成套装备，需要大量的高素质的科技人员长期研发，当前企业的规模决定难以长期维持高强度的研发投入，也难以给科技人员足够的科研激励，在发达地区高待遇的引诱下，本地科研能力有下降的可能。因此，只有不断培育中小企业成长，才能激活科技市场的有效需求，研发人员和企业成长中实现互利共赢。

清洁生产行业是一个技术资金密集的行业，武汉清洁生产技术的发展面临国内外的激烈竞争，能否利用武汉已有的技术基础，发挥产学研协同创新推进其进步，成为增强技术创新能力的关键。因此，建立良好的市场机制，激活环保技术的有效需求，增强环保技术的有效供给，是促进武汉清洁生产技术发展的重要手段。

三、发展载体不足

虽然武汉在工业循环经济的发展中取得了一定成绩，但是必须认识到武汉在发展清洁生产实践中面临发展载体不足的现实问题。当前，武汉借助循环经济发展来推动清洁生产，由于制约循环经济发展的现实问题有待解决，循环经济发展面临退步的压力，具体表现在如下几个方面。

第一，持续发展缺乏动力。切实有效的市场激励和利益驱动机制是促进循环经济发展的重要因素。我国现行环境保护手段仍以政府行政性干预为主，实际操作中对企业污染环境行为的监管力度较小，武汉也不例外。目前，企业主动执行环保政策动力不足，制定的资源价格和排污收费标准偏低，清洁生产对企业的有效作用未能充分体现，企业缺乏实施清洁生产的经济动力，因而也缺乏积极性和主动性。青山区作为循环经济示范区，拥有一些"先行先试"的特权，然而，目前除了贯彻执行国家统一规定的资源综合利用企业优惠、购买节能减排、环境保护固定资产优惠等，真正结合区域实际，有针对性的优惠政策却很少，对循环经济的支持力度还未突显。

第二，收益归属不清。产权缺失是指对构成产权的若干项权利没有准确界定而形成的权利空白，以及某些权利的非理性配置而形成的权利缺陷等状况。在工业循环经济发展中，由于我国缺乏市场化的产权制度，产权缺失现象普遍存在，这就造成工业循环经济的发展缺乏动力，阻碍了发展的步伐。资源和环境实际是作为一种公共产品来使用的，在产权上具有非排他性，因而存在着严重的"搭便车"行为。环境使用（污染）和资源开采的低成本性，不仅违背了等价交换原则，也造成了资源的紧缺和生态环境的严重破坏。

第三，发展体制尚未形成。同其他地区相比，武汉在发展工业循环经济过程中对大型企业依赖性较强，大部分时候还是依靠大型项目的建设来推动相关产业的发展，民间力量及中小型企业的自主行为相对较少，企业自觉发展工业循环经济的积极性不高，从而难以形成发展工业循环经济融通的网络。以循环经济发展成效明显的青山区为例，"十一五"期末青山区第二、三产业的比例为81.26：18.74，产业发展不均衡，第三产业比重较小，尤其是新兴服务业，包括金融、保险、信息咨询、法律服务、旅游服务等所占比重更低，这些都为实现循环经济"大循环"带来了阻碍。

第四，缺乏统一发展规划。武汉市没有循环经济人才发展与经济社会发展的同步规划，更未出台任何关于循环经济人才共享的政策或激励措施，这使循环经济人才共享工作进展较慢。同时，循环经济的发展需要各个方面的人才，如循环经济型领导决策人才、经营管理人才、科技创新人才、公众宣传人才、法律人才等，尤其对综合性人才的要求更为迫切，但信息系统建设滞后，导致人才资源信息获取有限，流动共享更加不易。

武汉当前的循环经济发展还停留在青山和吴家山的试点中，在相关发展经验的总结与推广方面还没有形成科学有效的机制；循环经济的发展实践主要集中在工业生产尤其是重化工业生产的实践中，还没有向工业生产其他领域、服务业和农业等领域推广，其价值有进一步放大的可能；循环经济的实践主要集中在城市，并没有向广大的农村地区展开，其效果还没有得到彰显。缺乏足够的支撑与试验平台，在武汉地区如何将清洁生产落实到实践中去，面临压力与重重阻力，尤其是制约了武汉城市圈两型社会的建设，与常株潭城市群建设两型社会取得的巨大成就相比，武汉仍存在一定差距。

第二节　产业结构对企业经营的制约

制约武汉清洁生产的原因是多方面的，既包括历史原因也包括现实原因，既包括企业自身的原因，也包括政府引导政策的原因，此外碳交易和金融市场的发展不足也制约了清洁生产的展开。

一、产业结构日益重化

武汉的清洁生产受到武汉地区产业结构、产业基础、企业经营状况、区域发展现状等客观条件的制约。现实情况是企业都清楚清洁生产的价值和意义，但现实的客观条件制约其向清洁生产转型。客观条件的制约体现在以下几个方面。

第一，传统产业物质代谢模式制约武汉清洁生产的发展。传统产业系统的物质代谢模式，排斥还原产业的生存发展。传统人工产业系统尤其是工业系统，采取"资源－产品－污染排放"单向流动的线性物质代谢方式，即从自然中开发资源，然后进行加工，生产出产品，同时向环境排放大量废水、废气和废渣。为追逐资本不断循环增殖和数量型经济增长，人类毫无节制地攫取地球资源能源，通过粗放扩张型的生产方式和日益膨胀的消费行为，高强度地将资源变成废弃物抛入环境。随着人类干预大自然的能力和规模空前增长，这种"高投入、高消耗、高污染、低效益"产业发展模式，必然加剧资源危机，引发各种生态灾难。

第二，传统产业的重化特征。湖北传统老工业基地较多，武汉产业结构一直偏重。2012年全国重轻工业比平均为2.46：1，湖北为2.6：1，武汉城市圈为2.8：1，武汉为3.6：1，属于典型的偏重型工业经济结构。用于重工业生产的投资一旦形成产能，则很难转换成其他产业或产品的生产，从而形成大量沉没性成本，致使生态化技术改造的代价非常高昂。特别是在武汉城市圈经济发展快、综合经济实力居前的"武黄鄂"三市，重化工业的高能耗、高污染特征，成为结构性资源耗费和环境污染的源头，此乃圈域资源环境压力大的主因。何况武汉城市圈重化工业唱主角的状况始终未变，且近几年呈不断强化的趋势。

第三，产业结构日益工业化。近几年来，随着经济的快速发展，武汉城市圈的产业结构也发生较大的变化，第一、二、三产比重分别从 2006 年的 11.8%、44.4% 和 43.8% 变为 2009 年的 10.7%、48.3%、41%。第二产业的比重较大，其能耗高和废弃物排放占比高，这使武汉城市圈清洁生产的压力增大，对城市圈各产业的协调发展也产生不利影响。在武汉城市圈内部，各城市的产业结构参差不齐，差异比较大，总体特征体现为工业结构重化趋势比较明显，受产业转移的影响，部分重化工业转出武汉后又落户武汉城市圈内其他城市，并未从总体上减轻武汉城市圈的清洁生产压力。2009 年，黄冈三次产业结构为 30.75：36.73：32.52，咸宁三次产业结构为 21.5：43.2：35.3，武汉城市圈内周边 8 个城市发展第二产业的动力还比较强，这使各个城市发展低碳经济的压力和动力存在差异，武汉城市圈清洁生产压力巨大。因此，在当前武汉城市圈产业结构日益工业化的背景下，清洁生产的压力巨大。

第四，清洁产业存在缺陷。武汉的清洁产业主要体现在环保技术和生物燃料的开发利用上面，而清洁能源行业的光伏太阳能产业的发展存在不足。武汉的太阳能光伏代表企业是武汉珈伟太阳能和日新科技两家重要企业，而在核能和风能行业目前缺乏具有影响力的龙头企业。在太阳能光伏企业武汉珈伟太阳能等企业在成长期面临国内光伏产业的寒冬，企业不仅成长速度缓慢，而且市场影响力日趋萎缩。武汉的风电行业企业发展滞后于国内的平均水平，清洁产业存在的缺陷影响清洁产业链的形成。

武汉市的产业结构现状决定了其在转向清洁生产过程中的巨大成本，如何克服现有成本的制约对于产业结构清洁化有积极意义，因此降低企业清洁生产转型的成本意义重大。

二、企业经营能力不强

武汉市从事清洁生产的企业，除了几家主要的龙头企业外，85% 是中小型企业，在竞争市场中，这些企业的盈利水平持续下降，面临严峻的生存形势。主要体现在以下几个方面。

第一，企业经济实力较弱。武汉从事清洁生产企业的数量不少，但力量分散，面广量大的小型企业技术装备落后，专业化水平低，技术开发投入少，市场竞争能力差，缺乏骨干企业的支撑；尤其缺少具备环境工程总承包能力的大型环保企业集团，难以形成规模效益。企业的经济实力薄弱使企业难以加大技术研发投入的力度，难以提高市场竞争力，武汉的生产企业除了钢铁行业清洁生产和生物质燃料的开发占有一定的市场份额外，在其他领域都处于竞争的不利位置。在国内风能设备属于生产领域，武汉企业与国内领军企业的差距可见一斑（表 4-1）。

表 4-1　中国主要的风电机组制造商情况表

制造企业名称	企业性质及其行业	主要技术参数（额定功率/千瓦时）	技术来源	风机/样机安装/台
华锐风电科技有限公司	国有控股，重工业	1 500	技术许可证/德国弗兰德	300（2007年前共500）
		3 000	购买设计/奥地利 Windtec	样机，2008年年底
		5 000	购买设计/奥地利 Windtec	样机，2009年年底
东方汽轮机有限公司	国有，发电厂技术	1 500	技术许可证/德国 Repower	100
		2 500	购买设计/德国 Aerodyn	—
新疆金风科技股份有限公司	国有控股	600	技术许可证/Jacobs/Repower	587
		750（800）	技术许可证/德国 Repower	950
		1 500	技术许可证/Vensys	15（截至2007年6月）
		2 500	技术许可证/Vensys	—
浙江运达风力发电工程有限公司	国有	750	技术许可证/德国 Repower	50
		800	公司自主设计	—
		1 500	自主设计（英国 Garrad Hassan 公司校核）	—
保定惠德风电工程有限公司	国有，航空工程	1 000	技术许可证/德国弗兰德	1（2006年）
		2 000	购买设计	—
沈阳华创风能有限责任公司	民营	1 000	自主研发（沈阳工业大学）	样机，2004年
		1 500	自主研发（沈阳工业大学）	2（2007年3月）
江苏新誉风力发电设备有限公司	民营，铁路工程	1 500	国内技术转让（沈阳工业大学）	10（2007年）
		2 000	公司自主研发	—
华仪电气集团	民营，上市公司	1 500	购买设计/德国 Aerodyn	—
		780	公司自主研发	—
上海电气风电设备有限公司	国有，上市企业，电厂零件供应商	1 250	技术许可证/Dewind/EU Energy	2（2007年6月）
		2 000	购买设计/德国 Aerodyn	—
哈尔滨风电设备股份有限公司	国有，电厂零件供应商	1 200	公司自主研发	1（样机，2006年）
广东明洋风电技术有限公司	民营	1 500	购买设计/德国 Aerodyn	4（2007年；样机，2007年9月）
		3 000	购买设计	—
		5 000	购买设计	—

续表

制造企业名称	企业性质及其行业	主要技术参数（额定功率/千瓦时）	技术来源	风机/样机安装/台
北京北重汽轮电机有限责任公司	国有	2 000	技术许可证/Dewind/EU Energy	—
中国南车集团株洲电力机车研究所	国有，铁路工程	1 650	购买设计/奥地利 Windtec	样机，2007 年年底/2008 年开始运行
中船重工（重庆）海装风电设备有限公司	国有，造船业	850	技术许可证/Frisia	—
		2 000	购买设计/德国 Aerodyn	—
武汉国测科技股份有限公司	国有	1 000	技术许可证/瑞典 Delta	—
艾万迪斯能源咨询有限公司	民营	2 000～3 000	购买设计/德国 RSB Consult	样机，2008 年6 月

资料来源：中国风能协会

第二，技术水平缺乏竞争力。武汉清洁生产行业技术水平总体处在国际上20 世纪 70 年代的水平，与国内先进城市、沿海地区，特别是与欧美等发达国家相比，湖北在"两型"技术和工艺上的研发能力还处于相对较低的层次。一是掌握先进核心技术较少，终端产品少且技术含量不高，无法形成强大的辐射力和吸引力，影响大中小企业之间形成合理分工链接。虽然除尘器脱硫、污水处理等技术装备国产化程度有所提高，但大机组脱硫装置、脱硝装置、垃圾焚烧成套设备的稳定性不够，缺乏经济有效的污泥处理、高浓度难降解工业废水处理、燃煤氮氧化物控制、水华监控和去除及改善底泥等技术。二是技术研发支撑体系不完善。环保技术的开发、研究人员数量和开发经费不足，设备产品的设计手段、试验测试方法和平台建设不适应市场需求，创新成果转化率低且周期较长，符合绿色标准的技术和产品还很少。中心城市武汉每家大中型企业年均申请专利 1.71件，其中发明专利 0.48 件，仅分别占广东的 44.5％和 23％；部属高校拥有的科研成果真正转化成市场需求产品的还不到 6％。

第三，产业链不完整。东湖开发区环保产业主要包括环保设备和产品的生产、资源综合利用、环境保护服务业三个方面。目前，环保服务业在产业中所占的比例过小，还没有形成与污染治理、生态保护和资源循环利用相适应的环境服务体系，也没有形成完整的环境技术开发、环境工程设计与建设、环境污染治理设施运营管理、环境咨询、环境评价、环境认证、环境监测等主导领域。环保服务业的落后削弱了环保设备的研发能力、环保产业信息的汇集与处理能力、环保产品的市场开拓能力。

　　武汉产业结构的重化特征是历史积累和现实强化的结果，这意味着企业向清洁生产模式转型过程中面临巨大的成本压力，如何克服企业转型成本压力和发展模式惰性，需要良好的政策体制设计。武汉的清洁生产产业的相关企业规模小、技术水平不高，市场竞争压力巨大，造成企业主体成长速度不快，要在激烈的市场竞争面前脱颖而出压力比较大，培育企业主体成长也是解决武汉清洁生产现实问题必须面对的现实困境。

第三节　现代生态文明意识不强

　　清洁生产虽然最终表现在生产实践中，但其主观努力受到实践者思想意识影响，尽管武汉在不断宣传发展清洁生产的必要性和现实性，但社会群体的意识与发展清洁生产还存在一定差距，这影响了清洁生产的发展。

一、公众生态精神文明意识不高

　　尽管武汉市生态文明的意识在逐步提高，但制约生态文明发展的还是客观存在，生态文明意识有待进一步提高。

　　第一，长期存在的"人定胜天"理念的主导，人工产业系统与自然环境系统之间的依存关系遭到漠视甚至被人为割裂。长期以来传统增长模式忽视社会经济系统与自然生态系统间的物质、能源和信息的传递、迁移和循环规律，漠视经济系统内部各产业之间的有机联系和共生关系，不顾及生态环境大系统的承载能力及自然法则的制约，将人工经济系统的运行，视为可脱离外部条件仅由经济规律所支配的独立系统。因而政府、企业和民众的资源环境意识皆极为薄弱，不能正确处理人与自然的关系，未形成爱护环境、保持生态平衡的社会价值观，"重开发，轻保护""高耗费，高污染"成为各地经济和产业扩张的普遍特征和手段，结果造成经济社会系统与自然生态系统格格不入，进而导致资源枯竭和生态恶化，严重危及人类自身的生存与发展。

　　第二，生态节约的观念不强。节约资源涉及社会的方方面面，也需要全社会的共同努力。牢固树立节约资源理念是全面促进资源节约最重要的一步。只有从根本上转变了生活方式、生产方式、消费方式，才能彻底解决资源浪费等问题。作为参与市场经济活动的经济人，在考虑个人需要的同时，更应考虑社会的需要和环境的承载能力。资源能源不仅是有限的，而且是不可再生的，今天多消费就必然降低明天消费的机会。因此，要牢固树立节约资源光荣、浪费资源可耻的观念，从一点一滴做起，从小事做起，"不以善小而不为，不以恶小而为之"，逐步形成节约资源的社会氛围，加快推进资源节约型、环境友好型社会的建设。但普通民众至今未能建立生态节约的观念，在"暴富"和"土豪"观念的驱动下，一些人认为财富属于我自己，愿意怎么支配就怎么支配，别人不得干预。就连我们全国倡导的"光盘行动"在某些人眼中都是作秀，民众缺乏足够的清洁生产生活的意识。

第三，传统文化制约了环保产业发展。受到传统荆楚文化影响，武汉的民营企业有敢为人先的首创精神，并具有爱国兴邦的优良传统，受这一文化的影响武汉的环保产业发展迅猛。但受传统的"小富即安"和"码头文化"的影响，企业在发展过程中很容易满足于现有规模，发展到一定规模后就裹足不前。尤其是许多人对当前发展生态文明和建设两型社会的意义认识不清，认为环保产业"赔钱买吃喝"。武汉资源丰富，尤其是水资源充裕不用担心，因而导致大量的填湖现象出现。著名城中湖沙湖由 1978 年 7.5 平方千米缩减到 2013 年的 2.47 平方千米，武汉湖泊总面积从 1987 年的 370.9 平方千米缩小至 2013 年的 264.7 平方千米，而且缩小的速度越来越快。

环保意识不强不仅制约了武汉两型社会和生态文明的建设，也对清洁生产产生阻碍，因此，进一步提高生态文明意识能为清洁生产创造更加宽松的环境。扭转当前制约武汉清洁生产发展的不科学不健康思维，有利于推动清洁生产健康发展。

二、企业生态物质文明意识不强

历次大的经济周期，均以基本资源和能源改变、若干标志性新兴产业兴起为核心特征，引发国际物质资本和人力资本大流动，最终形成新的产业结构和增长模式。2008 年国际金融危机之后，美国、日本、英国、德国等主要发达经济体推出绿色经济复苏计划、绿色技术研发计划等，对战略性新兴产业特别是环保等清洁生产产业给予了前所未有的强势政策支持。例如，欧盟在 2013 年之前投资 1 050 亿欧元支持欧盟地区发展绿色经济，其中 540 亿欧元用于帮助成员国落实和执行欧盟的环保法规，力图以此刺激经济复苏和应对气候变化的挑战。可以预见，后危机时代清洁生产产业的发展高潮，必将深刻改变世界经济增长的轨迹和格局。

在激烈的竞争面前，中国政府紧紧把握国际发展趋势，《中共中央关于"十二五"规划的建议》要求，坚持把结构调整和建设两型社会作为加快转变经济发展方式的主攻方向和重要着力点，以经济和生态良性互动为原则，科学地选择和培育战略性新兴产业，特别是谋求与重化工业主体格局链接配套的环保产业快速发展的技术路径及政策支持，这不仅是巩固当前经济回升的好势头，也是在后危机时代抢占新一轮经济和科技发展制高点，赢得发展的主动权的迫切需要。2010 年 10 月出台的《国务院关于加快培育和发展战略性新兴产业的决定》，立足我国国情、科技和产业基础，将节能环保列为现阶段重点培育和发展的七大战略性新兴产业之首。根据《中共中央关于"十二五"规划的建议》的思路，国家环保部预测，"十二五"期间我国仅环保产业投资将达 3 万亿元以上，其中污染治理设施运行费用约 1 万亿元；环保产业将保持年均 15%～20% 的增长率，产值约达 4.9 万亿元。毋庸置疑，环保产业必将成为我国经济腾飞的重要引擎。然而，在重大的发展机遇面前武汉清洁生产市场主体产业意识不强，影响了武汉清洁生产产业的发展。主要体现在以下几个方面。

第一，企业主动从事清洁生产意识不强。受传统生产观念和生活方式的影响，部分企业在发展思路上仍然存在重开发、轻节约，重速度、轻效益的倾向，片面追求利益及 GDP 的增长而忽视环境保护。一是理解片面，认为循环经济就是清洁生产和资源综合利用，是生产、经济管理和环保部门的事，与己无关。二是意识淡薄，企业没有意识到节能减排可以从身边的小事做起，日常消费中处处存在着大量的能源浪费和环境污染问题。

第二，部分环保企业在激烈市场竞争面前畏缩不前，错失市场成长机遇。武汉从事清洁生产技术的企业将主要精力集中于传统的废水、废气等领域，原因在于这些企业长期浸淫于该行业，存在一定技术积累和良好的市场人脉关系，便于企业拓展市场和开展业务，而对于清洁生产有关的低毒低害产品、低排放产品、低噪声产品、节能节水型产品、可生物降解产品、有机食品等领域，则缺乏足够的热情和关注。而环境服务业作为我国"十二五"期间战略性新兴产业重要的组成部分，包括环境工程设计、施工与运营，环境评价、规划、决策、管理等咨询，环境技术研究与开发，环境监测与检测，环境贸易与金融服务，环境信息、教育与培训及其他与环境相关的服务活动则在武汉城市开展较少，而武汉埠外企业积极开拓这些新兴领域，构筑完整清洁生产服务链条，形成从环境诊断、修复治理、监控优化一条龙的服务，提升了产业竞争力。武汉清洁生产产业不完善固然与产业和积累有关，也与部分企业缺乏进军新领域有关，这导致武汉清洁生产市场主体错失做大做强的机会。

第三，技术研发的市场化意识不强。武汉清洁生产技术多由高校和科研院所提供，而企业承担转化的责任，长期以来，校企双方的利益出发点是不同的，即科研荣誉与科研成果带来的经济效益存在差异。高校注重自由探索和学术价值，往往忽略成果的市场价值，高校对科研成果的评价单纯以获得国家经费、发表论文数量、参与人的学术地位、所获奖励级别和数量为标准。例如，从武汉大学、华中科技大学、武汉理工大学、中南财经政法大学等高校对副教授和教授的评定条件和考核标准来看，虽然高校强调教学、科研和社会服务功能，但职称评定和考核标准依然以论文或著作、研究项目及教学成果等为依据。企业关注的焦点在于科研成果能否带来良好的市场效益或是否有可观的市场前景。合作创新的主要目的和动机并非仅仅是创新项目的成功，知识在组织间的转移也是企业参与合作的重要动机之一。价值取向的差异决定技术创新主体研发的市场意识不强，导致高校、科研院所的创新技术转化不了，企业需要的技术缺少研发，清洁生产技术供给缺乏市场需求，市场需求的清洁生产技术没有供给，没有形成完整的产学研用一体化，造成创新能力的巨大浪费。

产业和研究主体的市场意识不强，造成了武汉市的清洁生产产业发展速度不快，市场扩张能力不强。因此，发挥武汉科教资源优势，引领产业结构生态化调整，形成新的经济增长点，成为增强武汉城市圈乃至湖北省经济发展的质量效益、竞争力和可持续发展能力的根本途径。

三、政府生态政治文明急需提升

尽管武汉的生态政治文明随着两型社会的建设、循环经济的发展和生态湖北的建设取得了巨大进步，但与清洁生产需要仍存在差距，主要表现在以下几个方面。

第一，缺乏科学的生态政治文明观。生态文明是政治文明可持续发展的前提。生态文明的核心是人与自然的协调发展，进而是社会、经济、文化、资源、环境的可持续发展，这是政治文明可持续发展的前提。"社会主义的物质文明、政治文明和精神文明离不开生态文明，没有良好的生态条件，人不可能有高度的物质享受、政治享受。没有生态安全，人类自身就会陷入不可逆转的生存危机。"（辛鸣，2008）生态文明必然要与政治文明相结合。一方面生态环境问题日益进入政治领域，保护和改善生态环境日益成为政治活动和政治关系的重要内容，需根据生态文明建设的要求来推动政治文明建设；另一方面，政治行为主体及其政治关系和政治活动日益关注生态环境问题，越来越多地用政治文明建设的过程及其成果来保障和促进生态文明建设，使政治日益生态化（蔡明干，2009）。执政党和政府的创新，首要表现应该是价值观的根本变革，以生态文明取向超越传统理念应该是当前最大的进步表现。这就要求执政党和政府秉承生态优先的价值目标。当经济效益、社会效益和生态效益三种效益发生矛盾冲突时，应该坚持"生态优先"价值标准，努力保护生态利益，坚决抵制破坏自然的行为，扮演生态环境的保护神角色。随着可持续发展及和谐发展的理念深入人心，中共十八大和中共湖北省委第十次党代会都明确提出，生态文明，建设生态湖北，但武汉各级政府部门中还是存在漠视生态建设的情况，这在一定程度上形成清洁生产的制约。

第二，对清洁生产在武汉城市圈建设两型社会中的重要意义认识不足。发展清洁生产是武汉城市圈建设两型社会的重要突破口，需要树立生态政治文明的观念，将清洁生产的理念和意识渗透到武汉城市圈建设的各个方面。在市场需求方面，目前武汉正处于工业化中期和城市化加速推进期，对清洁能源、节能技术、环保产业等方面的需求市场巨大，这是发展低碳经济的强大动力。在产业结构调整方面，武汉产业结构轻重工业比例失衡是湖北的缩影，2013 年湖北轻重工业比重为 35.9∶64.1，产业结构调整压力较大，能耗较高，这是"两型"社会建设的一个现实问题，不发展清洁生产，两型社会建设找不到支撑点。武汉城市圈大力发展清洁生产模式，按照各个城市的工业基础和自然环境的承载力，科学地进行产业定位，合理推动产业双向转移，构建区域清洁生产产业体系，有助于调整产业结构，实现区域产业结构优化与合理布局，这符合两型社会建设的基本要求；同时，发展清洁生产推进循环经济的大发展，是提高资源利用率的重要载体，也是实现"资源节约型社会"建设目标的重要途径。因此，武汉城市圈推行清洁生产符合两型社会综合改革试验区的建设目标，是新时期推动两型社会建设的突破口。

第三，错误政绩观的驱动。追求 GDP 增长成为经济活动的核心，忽视资源环境的代价。在自然界，由生产者、消费者和分解者三类基本成员及其共生结构，通过物质能量的梯级传递与循环利用，维持着生态系统的物质转换与动态平衡。但传统产业结构基本出于经济和技术组织导向，整体缺乏生态系统内部主体共生相容的构造机能，这就极大地阻碍了资源在开发、加工和消费全过程上的耦合关联与综合利用，严重制约以"废物"为营养、广泛多样的还原者的生存发展。即使产业结构调整升级，基本上也以单纯提升经济价值为目标，很少顾及产业结构的生态化改进，由此推动的产业结构高度化，往往造成对资源环境更精确化地巧取豪夺，引发更广泛、更深层次的结构性资源环境问题。钢铁、有色金属冶炼、石化、化工、电力等重化工业的发展在武汉工业中一直占据着重要地位，重工业在武汉工业中的占比在 2005 年高达 73%，2010 年仍为 70%。近年来，全国各地重化工业的重复投资和过度竞争已经导致了严重的产能过剩。当前，我国许多重化工业行业的过剩产能中往往还伴随着相当部分的落后产能，据统计，炼铁、炼钢、电解铝、焦炭、水泥、化纤等 18 个行业中落后产能占总产能的比例达到 15%～25%。因此，武汉重化工业的转型面临着淘汰落后产能、提高制造效能的双重任务。近几年，我国"绿色 GDP"考核搁浅、《规划环评条例》立法遇阻等，皆显示出传统政绩观的超常影响力和传统发展模式难以遏制的强大惯性。因此，建立科学的发展观，不是简单地追求经济总量的增长，还要考虑经济发展的可持续性和效率，只有这样才能实现真正的经济增长。

因此，提升生态政治文明的水平，改变政府执政的导向，能有效地推进武汉的清洁生产发展。

第四节　发展激励机制不健全

发展清洁生产的主体是企业，考虑到清洁生产具有正的外部性，构建行之有效的利益驱动机制对推进武汉的清洁生产发展意义重大。但武汉的清洁生产尚没有形成有效的利益激励驱动机制，清洁生产更多是社会对企业的要求而不是企业的自觉行为，这在一定程度上影响了清洁生产机制的形成。

一、财政政策引导作用不强

财政政策是政府引导清洁生产的重要手段，武汉市政府利用财政政策对引导清洁生产，尤其是对循环经济的发展具有重要作用。受制于我国当前的财税体制特征，税收政策对发展循环经济的作用还是零星的、不系统的，调节的范围和力度远不能跟上其发展的步伐。主要体现在以下几个方面。

第一，消费税征收范围窄，激励效果不明显。一是消费税征收范围过窄。2006年，我国消费税新增了高尔夫球及球具、高档手表、游艇、木制一次性筷子、实木地板等税目，这对促进环保、节约资源、合理引导消费起到了一定的作用，但我国消费的最主要能源产品——煤炭，以及一些浪费严重且容易给环境带来污染的日常消费品，如电池、一次性塑料制品等还没有列入征税范围，对许多重要的战略性资源和不可再生资源的消费仍不能起到限制作用。二是资源税征税范围狭窄，没有将水这一生活必需品列入其中。例如，企业所得税规定企业购置并实际使用环境保护、节能节水、安全生产等专用设备的，该专用设备的投资额的10%可以从企业当年的应纳税额中抵免；当年不足抵免的，可以在以后5个纳税年度结转抵免。这与我国资源短缺、利用率不高、浪费现象严重的情况极不相称，没有起到很好的调节作用。

第二，定额税率的设计不合理，企业受惠额度有限。我国现行的资源税体系是通过制定定额税率对经营过程中的级差收入进行调节，而对占用国有自然资源必然带来的收益却并未课税，这使各个经济主体竞相掠夺性地开采和使用自然资源。加上资源税收入大部分收归于地方，这在一定程度上变相鼓励了地方对资源的过度开发，加剧了生态环境的恶化，影响了循环经济战略的实施。与此同时，随着人口的增加和人们生活质量的提高，人类对自然资源的需求也不断增加，资源供给与需求的矛盾越来越突出，按照市场机制原理，资源的价格势必会持续走高。但我国现行的资源税税收制度大多数采用定额税率，且税率偏低，这使资源的价格与应纳税额脱离，税收杠杆和价格杠杆均无法充分发挥其调节作用，对循环清洁生产的循环经济给予优惠太少。

第三，计税依据安排不科学，企业名义税赋与实际税赋差距比较大。资源税的计税依据是销售数量或自用数量，对企业已经开采但未销售或未使用的资源却不征税，造成了企业和个人对资源的无序开采，形成大量的资源积压和浪费。现行的乘用车和摩托车消费税为了突出环保目的，按气缸排量大小采用不同的税率，但对使用新型或可再生的能源，如天然气、乙醇、氢电池的车辆却没有规定相应的优惠政策，这在一定程度上影响了新型能源汽车的开发和利用。税制征收计算不科学，清洁生产企业实际受惠有限。例如，企业从事符合条件的环境保护、节能节水项目的所得，从项目取得第一笔生产经营收入所属纳税年度起，实行"三免三减半"的优惠政策。由于此类企业一般工艺较为复杂、技术含量高，前期投入大，从正式投产经营到形成一定规模并初见效益一般需要几年的时间，而优惠政策的初期是项目取得第一笔生产经营收入的当年，因此不能较好地凸显税收政策的引导作用。

第四，减免税种不全，清洁生产优惠税制不完善。目前涉及减免的税种主要是增值税和所得税，免征或减征营业税的基本没有，房产税、土地使用税、印花税等能很好地体现支持循环经济发展的税种更是没有涉及。笔者认为，应建立起一套完善的税收优惠体系，支持循环经济全方位发展。例如，对直接或辅助循环经济发展而取得的收入——商业银行支持资源综合利用项目贷款而取得的利息收入，应给予适当的税收优惠等。

由此可见，现行税制中的优惠政策本身没有充分体现循环经济和清洁生产的税收理念，不利于政策引导作用充分发挥；而涉及循环经济的主要税种在调节力度上又不均衡、不到位，甚至缺位。

二、金融支持力度不够

清洁生产属于战略性新兴产业的重要组成部分，从技术研发到产业化整个过程都需要大量的资金支持，受行业发展规律的影响，武汉目前对清洁生产行业缺乏足够的金融支持。主要体现在以下几个方面。

第一，金融资源不足。武汉的清洁生产技术实力在中部省会城市首屈一指，金融发展水平还不足以支撑科技创新成果向产业化转化。尽管武汉提出要建设中部地区的金融中心，但金融机构的集聚程度还不高，在中部地区并没有形成绝对优势（表4-2）。从金融资源总量来看，湖北省的金融资源总量在中部六省居第二位（表4-3）。因此，湖北省的科技金融资源优势在中部地区并不占优势，武汉的金融资源将面临巨大的竞争压力，要支撑资本技术密集型的清洁行业发展还需要集聚更多的金融资源。

表 4-2　　2011 年中部六省的金融机构类别总量一览表（单位：个）

机构类别	营业网点　　（金融机构数量）					
	湖北	湖南	安徽	河南	江西	山西
大型商业银行	2 718	2 384	2 243	3 157	1 825	1 656
政策性银行	95	116	90	152	96	84
股份制商业银行	181	129	99	172	137	102
城市商业银行	186	221	194	594	243	180
农村合作机构	2 148	4 088	3 031	5 336	2 533	2 967
财务公司	7	3	3	3	2	4
邮政储蓄	1 569	2 044	1 700	2 372	1 414	1 191
外资银行	10	4	2	2	3	1
农村新型机构	39	96	325	64	32	1
合计	6 953	9 085	7 687	11 852	6 285	6 186

资料来源：根据中部六省公布金融运行报告整理

表 4-3　　2011 年中部六省的金融机构金融资源总量（单位：亿元）

省份	湖北	湖南	安徽	河南	江西	山西
金融资源总量	30 083	24 933	24 633	32 514	17 843	25 055

资料来源：根据中部六省公布金融运行报告整理

第二，服务清洁生产行业金融产品尚未系列化，与武汉地方特征结合不紧密。与沿海金融发达地区相比，武汉金融发展水平还有待进一步提高，金融行业依赖传统的金融产品，没有形成与清洁生产技术企业发展相匹配的金融产品。现有金融产品还主要是集中在科技贷款和政府财政支持方面，没有形成与高新技术企业成长紧密结合的系列化的科技金融产品，尽管结合科技型中小企业的发展做出了一定的改进，但与沿海地区相比缺乏具体的针对性和系列化，上海张江和武汉东湖高新区同样是国家自主创新示范区，但张江的科技金融产品明显比东湖高新区金融产品更具有针对性和整体性（表 4-4）。湖北省结合东湖高新区的实际，出台了系列发展科技金融的相关政策，但缺少专业性金融机构结合清洁生产技术企业发展的实际，量身定制系列化的科技金融产品，因此，科技金融产品呈现出零散化和片断化，整体性不强，制约了清洁生产企业的迅速做大做强。

表 4-4　上海张江高新区特色科技金融产品

产品类别	产品定位	服务对象	服务内容	创新特征	产品效果
科技支行	中小企业专营服务机构	张江园区中小企业	特殊的考核管理体系	贷款审批模式更加贴近中小企业，审批效率更高、贷款门槛更低，较高的坏账容忍度	"科技银行"将比现有银行的贷款审批模式更加贴近中小企业，审批效率更高，贷款门槛更低，直接扩大张江园区创新型中小企业的受益面
科灵通	服务中小企业系列贷款	张江园区中小企业	将中小企业的软资产转化为金融能力	根据发展阶段分别设立"创业一站通"和"卓业一站通"，运用专利版权、应收账款、股权、退税等软资产给予贷款融通	将软资产化为融资的能力，通过灵活多样的组合方案和高效的审批效率满足中小企业短期资金需求，弥补创新型中小企业信贷布局中的"短板"
启明星	不同发展阶段提供金融服务	符合信用评级的张江科技园区中小企业	传统的商业银行业务和投资银行业务	通过整合商业银行和投资银行相关业务平台和产品，为企业提供一站式综合金融服务方案	不仅解决传统意义的融资，还为企业提供全程咨询顾问，推动中小企业一路成长壮大，成为行业中耀眼的启明星
未来星	科技型中小企业信用评级系统	张江园区中小企业	定量定性分析，融资、担保、风险投资等评估	改变传统银行的征信系统适用于大型成熟企业，不适合科技型中小企业的不足，创新科技型中小企业征信系统	未来星征信系统将适用于不同创新产业、不同发展阶段的中小企业的资信评估，解决金融支持中小企业的适用性问题
投贷宝	中小企业投资和融资共享平台	张江园区中小企业	降低贷款门槛，拓宽投融资渠道，进行有效的坏账弥补	通过直接间接两种方式将银行资金引入中小企业，解决贷不到款的问题；通过有效的信息传递，为风投基金对接项目，解决企业发展资金的需求；通过建立坏账托底机制，形成长效服务体系	增加企业信息透明度，降低融资门槛，解决中小企业贷款问题；通过有效信息的传递，为风投基金找到投资项目，实现项目对接；通过建立坏账的托底机制，在张江园区内形成长效的中小企业服务体系和中小企业发展所需的良好金融环境

资料来源：根据张江科技金融相关产品信息整理

第三，服务清洁生产的金融新兴业态发展有待加强。武汉地区的金融业目前主要从事传统存贷业务，高盈利的中间业务发展相对滞后，业务创新程度不高，竞争过于同质化，金融结构的非贷款融资比重偏低（表 4-5），与北京、上海、广东、江苏等金融发达地区相比，武汉清洁生产企业在利用股票市场融资上存在明显的差距，在利用债券融资水平上也低于北京，因此，多层次的资本市场融资的规模有限，与江苏、广东等金融发达省份相比，差距尤为明显。随着国家发展战略性新兴产业的思路的提出，沿海科技金融地区为了适应战略性新兴产业的发展，通过大力发展政府创业引导基金，以及引进 PE/VC[①]等新兴科技金融业态，为战略性新兴产业发展创造条件。根据赛迪投资顾问公司发布的统计，目前我国政府战略性新兴产业发展引导基金主要集中在渤海湾和长江三角洲地区，北京于2010 年 7 月在电子信息、新能源和环保、生物医药、高技术服务业等领域一次性发起设立 4 只总规模达到 10 亿元的战略性新兴产业专项型引导基金，占该地区政府引导基金的半壁江山，上海率先于 2010 年 3 月就上海市创业投资引导基金、上海联升新材料创投基金、上海千骥生物医药创投基金举行揭牌仪式，就上海诚毅新能源创投基金和上海华登集成电路创投基金签订出资协议，5 只战略性新兴产业专项型引导基金基本成立。此外，2011 年上海还向海内外招标设立新能源、新能源汽车、新材料、节能环保、高端装备制造等战略性新兴产业领域的创投基金，截至 2013 年，湖北省还没有设立一支以引导清洁生产产业发展为目标政府引导基金。以 PE 和 VC 为代表的新型金融业态发展不足，对武汉的清洁生产企业发展形成一定制约。截至 2010 年年底，湖北已聚集各类创业投资和股权投资机构 200 多家，注册资本超过 200 亿元，完成投资超过 100 亿元，而深圳全市共有私募基金 300 多家，管理资本达到 2 500 亿元，其差距可见一斑。

表 4-5　2011 年国内不同地区融资模式比较

地区	湖北	天津	北京	上海	广东	江苏
贷款/%	74	85.9	33.6	66.2	74.9	78.8
债券（含可转债）/%	20.5	12.8	57.7	18.6	14.7	12.8
股票融资/%	5.5	1.3	8.7	15.2	10.4	8.4
融资总量/亿元	3 437.7	2 518.2	10 009.9	5 523	9 253.9	7 804.6

资料来源：根据 2011 年各省、市公布的金融发展报告整理

第四，利用国际资本的能力有待提升。金融机构的国际化能有效推动区域科技金融的发展。整个金融业的跨国化发展程度正在不断提高，能否吸引跨国银行和金融中介的进入，对武汉利用全球金融资源发展自己的科技金融具有重要的影响和意义。尽管 2012 年以前武汉已经吸引了包括汇丰、法国兴业、日本瑞穗、

---

① 　PE：private equity，即私募投资；VC：venture capital，即创业投资。

香港东亚、英格兰和汇丰等著名外国银行都在湖北设立分行，但外资银行在武汉集聚不够（表 4-6），规模太小无法产生辐射和示范效应，无法与北京、上海、深圳等外资金融机构发达城市相比，很难实现金融发展与国际同步，制约了武汉知名度和影响力的提升。另外，要发展科技金融，利用世界金融资源，需要有大量的外资金融中介机构的发展，尤其是当前武汉处在发展科技金融的关键时刻，国外投资银行的集聚不仅能提供国际上先进的科技金融发展经验，还能推动武汉科技型企业到海外市场发行科技金融产品。武汉不仅缺少著名的国际投资银行，就连国际金融服务领域的著名中介组织机构也很缺乏。

表 4-6　2011 年中国外资银行的分布与资金规模

地区	湖北	北京	上海	深圳	广东	江苏	天津
银行机构数/个	10	94	201	86	181	52	46
资产总量/亿元	93	2 911	10 020	2 479	4 292	564	779

资料来源：根据 2011 年各省、市公布的金融发展报告整理

三、区域性碳排放交易体系尚未建立

区域性清洁生产机制的形成，与碳排放交易体系的建立也有一定的关系，借助碳排放交易体系，能使清洁生产企业在支付的成本上，借助碳排放权的交易得到一定程度的补偿，从而有效降低清洁生产的成本。

武汉城市圈被确定为两型社会建设试点城市后，2011 年 10 月，湖北被国家发改委确定为全国 7 个碳排放权交易试点省市之一，稳步推进碳排放权交易试点工作成为湖北省加快转变经济发展方式、建设"两型"社会示范区的重要改革事项。积极探索碳排放权的交易，湖北省碳排放权交易中心于 2012 年完成了工商注册登记，制定并提交了《湖北省碳排放交易试点工作实施方案》《碳排放交易规则》等多个文件，启动交易系统运行的前期工作。但直到 2014 年 4 月 2 日，湖北省碳排放权交易才正式启动，湖北成为继深圳、上海、北京、广东、天津之后第 6 个启动碳排放权交易的试点省市。启动后，湖北省同山西、安徽、江西等中部省份和广东省签订了《碳排放权交易跨区域合作交流框架协议》。湖北碳排放权交易中心同中国建设银行湖北分行、中国民生银行武汉分行、上海浦发银行武汉分行等金融机构签署总额达 600 亿元的《低碳产业发展与湖北碳金融中心建设授信协议》。

碳排放交易发展缓慢或滞后，使清洁生产不能依托二氧化碳排放权的交易来获得一定的补偿，这影响了武汉碳排放交易，对武汉的清洁生产行业发展也造成了一定的影响。

第五章

借鉴成功经验推进武汉的清洁生产

推动清洁生产是一项长期而艰巨的工作，需要我们借鉴国内外成功的经验并结合武汉的实际来推进。环境问题是全人类共同面对的问题，需要我们集中人类的智慧和经验来解决，任何闭关自守的做法都不利于清洁生产的发展。武汉当前推进清洁生产处在中国跨越中等收入陷阱的关键时期，不能简单地把国内外的成功经验照搬照抄，还要结合本地的实际，因地制宜加以优化，才能走出一条有武汉特色的清洁生产发展之路。

第一节　依法推进与市场运作：清洁生产的美国

美国是世界上最发达的资本主义国家，也是第二次工业革命的最大赢家，但也曾出现过严重的环境污染问题。美国注重推进清洁生产，最大的特点就是利用制定有影响的法律来引导清洁生产的发展，这是非常值得武汉学习的一点。

一、用法律奠定清洁生产发展的基础

美国在南北战争后加速了工业化的进程，并利用19世纪末期第二次工业革命的最新成果，实现了工业化进程的加速，1894年美国的工业生产总值超过英国，成为世界上经济实力最强的国家。伴随经济实力增长的是美国环境的污染，美国环境的污染体现在两个方面，一是在西部大开放过程中巨大的资源破坏，二是受到技术水平的限制，在重化工业发展的影响下，美国向大自然中排放了巨量废气、废水，严重影响了生态环境。部分受过教育的人在功利主义思想的影响

下，开始关注环境保护，环保意识开始勃兴，人们有了合理利用资源和保护环境的观念。第二次世界大战以后，美国经济持续繁荣，完成了世界 70％ 的工业生产，但环保技术并没有取得根本性突破。环境污染不仅关系到生活质量，更关系到人类的生存，1936 年的洛杉矶光化学烟雾事件造成巨大灾难，使全美国的环保意识进一步上升，治理大气污染成为社会的共识，并形成了相对稳定和具有延续性的大气污染治理政策体系和清洁生产引导机制。

美国清洁生产政策形成于 1960～1970 年，联邦政府颁布了十余项环境立法，内容涉及清洁生产的各方面。20 世纪 60 年代环境方面的主要立法包括 1960 年的《多重利用与可持续生产法》（MultipleUse-Sustained Yield Act）、1963 年的《清洁空气法》（Clean Air Act）、1964 年的《荒野法》（Wilderness Act）、1964 年的《分类与多重利用法》（Classification and Multiple Use Act）、1964 年的《公共土地法审查委员会法》（Public Land Law Review Commission Act）、1965 年的《水质法》（Water Quality Act）、1965 年的《固体废弃物处置法》（Solid Waste Disposal Act）、1965 年的《机动车污染控制法》（Motor Vehicle Pollution Control Act）、1967 年的《空气质量法》（Air Quality Act）、1968 年的《天然与风景河流法》（Wild and Scenic Rivers Act）及 1968 年的《安全饮用水法》（Safe Drinking Water Act）。

在美国系列清洁生产中最重要的法律包括以下三部。

1.1963 年的《清洁空气法》

这部法律主要包括以下特点：第一，提高、强化并加速治理空气污染的各项计划。为了达成这一目标，美国国会在 1963～1966 年为州和地方机构投资 9 000 万美元，用于研究和开发空气污染控制计划。第二，成立联邦健康教育福利部（Department of Health，Education and Welfare，HEW）专门负责处理跨州空气污染问题，并成为大气污染治理的常设机构，在州和地方机构提出申请后，处理州内或地方内部空气污染问题，确保大气污染治理落实。根据 1963 年《清洁空气法》的要求，健康教育福利部部长在召开会议时，相关州机构与地方机构代表要出席会议，相关工业或团体也可以参与听取会议意见。在会议结束时，如果健康教育福利部部长认为这些计划对于提高公众健康福利并不充分，就可以提出其他具体计划，在必要的情况下，联邦法院会对其进行强制执行。第三，1963 年的《清洁空气法》承认了机动车对空气污染的影响。该法鼓励为固定污染源与机动车污染源制定排放标准，并授权联邦政府采取措施以减少因高硫煤燃烧而造成的跨州空气污染。

该法与历史上 1955 年通过的《清洁空气法》相比具有重大的创新特点。首先，大气污染治理投资有所加大，这足以体现联邦政府对空气污染问题的重视程度有所加深。其次，该法扩大了联邦政府在管制空气污染问题上的权力范围。该法不但授权健康教育福利部部长制定空气污染条例的权力，还允许其在必要情况下为州和地方机构提出具体控制空气污染的计划。最后，1963 年的《清洁空气法》强调了机动车对空气污染问题的重大影响。在 1963 年《清洁空气法》之前，联邦就已经意识到机动车作为移动污染源的重要性，1962 年《空气污染控制法》修正案中也提出对机动车污染进行研究，但只有 1963 年的《清洁空气法》明文指出，"鼓励"联邦对机动车和固定污染源制定污染物排放标准。机动车作为一种移动污染源对空气污染的影响得到正式承认。1963 年的《清洁空气法》表明美国联邦政府开始介入大气治理，大气不再仅仅是公共物品，公共用地的悲剧在一定程度得以避免。

2. 1965 年的《机动车空气污染控制法》

机动车废气排放造成的污染在 20 世纪 60 年代开始得到专家的承认。1963 年《清洁空气法》明确要求健康教育福利部对机动车污染排放进行研究，经过一年多的探索，终于在 1965 年通过了《机动车空气污染控制法》（Motor Vehicle Air Pollution Act of 1965）。该法主要包括以下内容：第一，健康教育福利部部长应适当考虑技术与经济因素，为各类机动车或机动车发动机制定切合实际的标准，防止或控制空气污染。第二，健康教育福利部通过试验、研究等手段检测机动车或发动机后，如果认为符合标准，有权向制造商发放合格证书。第三，进口到美国的机动车或发动机如果违反该法要求，不得引进美国。

1965 年的《机动车空气污染控制法》出台的最重要意义在于该法已经明确表示出空气污染控制立法联邦化的趋势。在制定尾气排放标准时该法案精确地使用了"联邦地"（Federally）一词，这在以往的法案中是从未有过的。该法案的另一个意义就是联邦政府开始全面研究机动车尾气排放对全国空气质量的影响，在日后逐渐找到了引发空气污染的另一个凶手，即光化学物质（photochemical matters）。这对联邦统一治理全国空气污染问题有着重要意义。

3. 1967 年的《空气质量法》

越来越多的公众已经认识到空气污染问题的复杂性和重要性，各类机构在开发管制方法上也取得了不小的进步，这"使人们相信联邦应在颁布空气污染立法上走得更远"。1966 年 11 月纽约市再次发生逆温现象，造成约 169 人死亡。在公众的巨大压力下，美国于 1967 年颁布了《空气质量法》，并在 1970 年和 1977 年进行修订和完善，其主要内容包以下几个方面。

第一，在全国建立州内与跨州空气质量控制区（air quality control regions，AQCRs），并以地区（region）为准开发与实施空气质量标准（ambient air quality standards）。如果该地区为跨州区域，所涉州就要为自己管辖的区域制定空气质量标准。在制定空气质量标准时，州要负主要责任。第二，联邦要对设立全国统一固定污染源排放标准的必要性及其所能带来的效果进行调查研究。在机动车污染控制方面，该法指出要设立全国统一的联邦标准，并对燃料添加剂进行登记。第三，联邦政府要加大研发空气污染治理问题活动的力度。这些研发包括针对管制空气污染支出的全面经济性研究；空气污染治理领域人力与培训需要方面的调查；管制喷气式飞机与传统型号飞机造成空气污染问题的可行性研究等。同时联邦要加大拨款力度，支持州与地方机构的空气污染治理活动，并要为跨州空气质量计划提供财政援助。第四，要建立起一个由 15 人组成的空气质量顾问委员会（Fifteen-member Presidential Air Quality Advisory Board），为总统提供必要的帮助及相关信息。国会授权联邦解决跨州空气污染问题，在州提出要求时，联邦也可以介入解决州内空气污染问题。

1967 年的《空气质量法》最重要的部分，几乎涵盖了空气污染问题的所有方面，是国家系统管理空气污染治理问题的蓝本。其积极作用包括以下三个方面。第一，1967 年的《空气质量法》在以往立法的基础上，指出了固定污染源与移动污染源的重要性，第一次将两者放在了同样重要的位置。而且，该法根据以往的研究与实践经验，总结了治理空气污染的一些方法和措施。第二，联邦在治理空气污染问题上的权力和责任范围不断扩大和深化。这具体表现在以下方面：在制订治理空气污染的计划上，联邦政府机构不仅要对空气污染源问题进行研究，还要对其需要的人力问题及经济效益进行研究；在制定机动车排放标准上，联邦政府最终得到国会授权，可以采取全国统一的机动车排放标准；在治理跨州空气污染问题上，联邦可以在健康教育福利部部长做出州治理行动不充分这一决定后，参与跨州地区空气质量标准的研发与制定。第三，跨州空气污染问题受到重视。一直以来，跨州地区空气污染问题都是各级政府制定空气污染控制立法时争论的话题，由于地跨多个州，在空气质量标准制定的松紧度上各州争论不下。1967 年的《空气质量法》首次表明，在治理这类地区时，各州要分别制定本州范围内地区的空气质量标准，在特定的情况下，联邦可以接替州，负责制定跨州地区的空气质量标准。

二、重视区域清洁生产的发展

针对美国各地因地理位置和发展情况不同，遭受的污染情况有很大差别，美国推行差异化的清洁生产措施，加利福尼亚州是美国区域性清洁生产取得成功的典范。20 世纪中叶加利福尼亚州因经济发展加快、人口激增及特殊的地理位置等多种因素叠加，发生了历史上时间最长、范围最大的空气污染，但经过半个多世纪的治理和清洁生产的推行，终于再次迎来洁净的天空，因此加利福尼亚州的做法和经验值得总结，也值得我们学习和借鉴。

1943 年夏天，发生于洛杉矶市的严重的"烟雾事件"首次被确定为空气污染。"烟雾事件"也由此拉开了加利福尼亚州工业化过程中大气污染的帷幕。1965 年加利福尼亚州开始将臭氧浓度作为大气污染的主要指标进行计量，1976 年成立了南海岸空气质量管理区（South Coast Air Quality Management District，SCAQMD)，包括洛杉矶、奥林奇、河滨市和圣伯纳迪诺县等。经过长期的治理和清洁化生产的努力，到 1996 年，加利福尼亚州大气质量状况有了根本性好转。

　　加利福尼亚州的大气污染治理和生产清洁化最大特点是科研和法规双轨驱动清洁生产。1938 年，加利福尼亚州在公共事业振兴署之下，成立了二氧化硫和落尘空气取样检测站。受到 1943 年"烟雾事件"的影响，1945 年洛杉矶市卫生部门成立了烟雾控制局，1955 年加利福尼亚州公共卫生部成立了空气卫生局等，建立起相对完整的管理体制。在法规建立方面，1947 年加利福尼亚州颁布了《大气污染控制法》，授权每个郡县建立空气污染控制区。1950 年颁布了根据烟色浓度系统限制烟雾排放的加利福尼亚州地方法律。1959 年颁布了全美第一个大气质量州标准，从光化学氧化物、二氧化硫、二氧化氮和一氧化碳几个污染源来测度大气污染。在大气污染治理和清洁生产技术推进方面，加利福尼亚州的研发取得了巨大成果，1952 年哈根·斯米特博士，揭示了光化学烟雾（引起雾霾的主要原因）的特性和来源，弄清了雾霾的主要成因，1955 年颁布的《联邦大气污染控制法》促进了加利福尼亚州对大气污染的研究和技术支持，1961 年诞生了人类历史上第一个汽车排放控制技术——正曲轴通风箱技术。科斯塔、马林、旧金山、圣马特奥、圣克拉克、洛杉矶等县市，区别监测和治理大气污染。科研和法规的双轨驱动为加利福尼亚州清洁生产和大气污染治理创造了条件。

　　美国各州大气污染源不一样，清洁生产技术的侧重点也不一样，关键在于制定法律强制执行标准，并利用技术研发来解决存在的现实问题，通过制度来建立治理大气污染的长远机制，借助技术研发为清洁生产发展提供支撑。

三、利用商业化推动生产清洁化

　　奥巴马担任美国总统以后，基于对气候变暖的担忧和为了占领清洁生产技术的前沿，并确保美国在新一轮能源革命中占据领先地位，美国政府积极利用清洁生产技术来应对污染，在推进清洁生产方面有新的变化。在全球气候变化加剧的大背景下，美国成立了包括日本、加拿大、澳大利亚等国的"伞形集团"，于 2006 年倡导成立了亚太六国"清洁发展与气候变化合作伙伴关系"，旨在为应对气候变化和全球变暖，建立自动参与网络机制打好基础。此外，美国还发起了"氢能经济国际伙伴计划""碳收集领导人论坛""甲烷市场化伙伴计划""第四代核能国际论坛""再生能源与能源效益伙伴计划"等有关气候变化的经济和政治机制，从舆论上主导清洁生产发展的走向。为了与欧盟争夺气候变化领域的主导权，美国相继出台了一系列法规和具体实施办法，从将大力发展可再生能源与清洁利用传统化石能源并重的减排思路，以及把减排与发展清洁能源集于一体的绿色产业发展路径，强力推行以低碳为特征的新能源战略，捍卫其经济和技术优势。

金融危机后，美国认为过去那种依靠信贷消费鼓吹起来的经济泡沫终究会破裂，消费比重应该降低，而加大对低碳新能源技术、产品方面的投入，短期内可以扩大投资、增加就业，从而刺激经济，长期则有可能推动新一轮产业革命，重振美国经济。奥巴马积极选择低碳经济作为化"危"为"机"和实现经济转型、产业结构升级的重要手段。美国众议院 2009 年 6 月 26 日以 219 票对 212 票通过了《清洁能源安全法案》。奥巴马一方面提高传统化石能源在国内的产量，另一方面大力发展清洁能源产业，对产业、技术、贸易、能源等政策进行重大调整，奥巴马表示，将在 2010～2020 年投入 1 500 亿美元资助替代能源研究，大力发展新能源，以结束美国对石油进口的高度依赖，在实现能源独立的同时，有效应对气候危机，并创造大量就业岗位。

美国联邦和州政府一方面制定强制性的法规和行业标准，另一方面采取经济激励政策，从而形成了政策体系完善、激励力度大，且能够较好协调利益相关方的可再生能源利用框架并具有操作性的商业项目，从而对可再生能源产业发展给予长期、积极、稳健的支持。2009 年通过了《美国清洁能源和安全法案》，更是从立法的高度全面更新了美国可再生能源发展的制度框架。同时，新政府在电网和汽车等领域也制定国家标准，如联邦能源管理委员会对容量小于 20 兆瓦的小型发电机组专门制定并网标准，为可再生能源发电并网扫清阻力，奥巴马对于汽车的燃油经济型和二氧化碳排放标准也做出规定，这成为新能源汽车产业化和市场化的第一推动力。这些新标准的设立有助于可再生能源相关产业的发展（张永伟和柴沁虎，2009）。美国政府从政策和资金两方面保障混合动力汽车的发展。2009 年 2 月 15 日，由奥巴马签署生效的《美国复苏与再投资法案》从国家战略的高度确定混合动力汽车是未来新能源的主攻领域之一。关于汽车方面，把电动车作为拯救汽车业的一张王牌。用于电动车的技术开发、生产和鼓励消费的资金高达 141 亿美元。奥巴马上任后将煤炭产业作为清洁利用化石能源的突破口，寻找清洁利用化石能源的新模式。基于此，奥巴马政府通过设立"清洁技术风险基金"，支持清洁能源利用技术创新，并以此来平衡环境保护和煤炭产业发展之间的权重。奥巴马谋求通过技术创新保持技术领先，推动清洁煤技术的出口，确保煤炭业未来的经济活力。

美国的历史表明：当其经济遭受挫折，美国的各种产业必然迅速地进行激烈的重组。技术、效率落后的工业和产能被淘汰；迎合未来经济社会发展趋势和潮流的高新科技会逐步兴起并引导其经济走出困境，再次将美国带上全球经济的制高点（杨明钦，2009）。毋庸置疑的是，低碳新能源革命是继互联网革命之后，既适应经济社会的发展趋势，又拥有足够的技术储备和产业化及商业化基础，能够创造出巨大的投资机会和就业岗位，以及可能迅速壮大的新经济增长点，从而进一步对美元的中长期走势构成有力支撑，且最有可能令美国彻底摆脱对传统化石能源的依赖。这也正是奥巴马政府大力推行清洁生产技术的战略目的所在。美国在本轮清洁技术革命以后已经明显走在世界的前列，美国通过岩层气革命已经实现了天然气的自给自足，并具备对外出口的能力，成为美国对付俄罗斯和拉拢欧盟的重要手段。通过清洁生产能源技术的革命实现了节能减排，有助于美国推行再工业化，实现生产的回归，确保经济实力的增强。利用清洁生产技术对落后国家形成压力，威胁对中国征收碳关税，使中国处于被动，为美国企业盈利服务并构筑面向未来的竞争优势。

第二节　政策引导与技术支撑：欧洲的清洁生产

欧洲作为发达国家集中的地区，尤其是欧盟作为一个整体在推进清洁生产上协同合作，形成具有欧盟特色的清洁生产发展模式和思路，便于和美国、日本、韩国等争夺世界清洁生产发展的主导权和话语权。在欧洲内部推行的清洁生产各有侧重，便于各个国家依据自身的特点形成相对完整的政策引导和技术支撑体系，确保欧洲各国在向清洁生产模式转型过程中占据有利地位。

一、立足法制的英国清洁生产

英国是工业革命的先驱，肮脏生产模式曾是其主要特征，煤炭等高排放能源在其发展中居功致伟。随着肮脏生产模式的发展，其能源和环境压力迫使英国转变生产发展方式，推行清洁生产。按目前的消费模式，预计 2020 年英国 80% 的能源都必须进口，这对于一个世界经济地位日益下降的大国来说，早日实现经济发展方式的转型就意味着重新占领世界有利地位，对发挥其大国地位的作用意义重大，因此，推行清洁生产在英国不仅是经济的可持续问题，更关系其未来地位。

英国推行清洁生产在欧洲独具特色，其突出特点在于利用立法在国内形成强大的舆论压力，并进一步扩大其影响力，从而形成对清洁生产发展走势的主导，在世界范围形成英国在这一领域的话语权。

2003 年 2 月 24 日，《我们能源的未来——创建一个低碳经济体》的白皮书发表，这一白皮书的意义在于作为世界首部由政府发表的白皮书，系统全面地论述了英国政府对全球环境问题的看法，并提出具有英国特色的节能减排和应对全球气候变化的方案。该白皮书的发布被认为是低碳社会建设开始的标志，该白皮书成为低碳发展模式建设的开端，也在世界范围内拉开了清洁生产的大幕。2006年10月30日，受英国政府委托，尼古拉斯·斯特恩爵士针对全球气候变化系统研究并提出了《气候变化的经济学：斯特恩报告》。该报告强调气候变化的经济代价堪比一场世界大战的经济损失，应对这场挑战的关键在于即时采取行动，从客观条件上看清洁生产技术的储备和基础是能应对高污染、高能耗的挑战，合理均摊的经济成本应是人类能承担的，而且在行动上越早越好，且费用相对低廉。该报告的意义在于它提出了一个重大命题，就是人类要克服主观的无所作为，同舟共济面对全球性问题。英国政府主导的这两个报告成为影响世界清洁生产的最重要的主导思想，使发展清洁生产、建立低碳社会成为人类的共识，差别仅在于不同国家在推行清洁生产的侧重上有所差异而已。

为了抢占自己创造清洁生产的道德高地，英国政府率先在国内立法推行清洁生产模式。2007年3月13日，英国公布了世界上第一部规定了强制减排目标的立法文件——《气候变化法案的草案》（Draft Climate Change Bill）。2007年11月15日，修正后的《气候变化法案》正式被纳入英国议会的立法日程。2008年3月31日和11月19日，该法案分别在英国上议院和下议院通过。2008年11月26日，英国女王批准了《气候变化法案》，该法案成为世界上首部气候变化法案，并承诺英国将在2050年，将温室气体排放量在1990年的基础上减少80%，并确定了2008～2012年的"碳预算"。该法案的通过，显示了英国作为推动全球清洁生产的主要力量，率先示范推行清洁生产模式，并以身作则制定强制节能减排的目标，通过提高碳管理，促进英国向低碳经济的转型。英国通过自身的行为在世界范围内建立起一种推行清洁生产的模式和做法，成为世界清洁生产模范，并向其他国家输出相应的做法经验。

英国在其颁布的《气候变化法案》中形成了两大主导方向，一是清洁生产中的碳排放交易体系的建立。将清洁生产的外部性商业化，提高发展清洁生产的效益。排放交易体系是利用市场机制激励企业进行温室气体减排，通过成本效益规则减少温室气体排放。新的排放权交易制度直接或间接限制碳排放活动（该活动是指在英国境内实施的活动），鼓励那些会直接或间接减少碳排放的活动，能部分将清洁生产产生的外部效应经济利益化，清洁生产不再仅仅是一种增加生产成本的做法。二是推行"碳预算"。从范围上看"碳预算"又可以分为"全球碳预算"和"国家碳预算"。国际社会普遍认为全球升温2℃是人类能够承受气候变化的最高极限，从而基本确定了人类所能够承受的碳排放量最高上限，这就是"全球碳预算"；国际社会减少碳排放的主要途径是建立国际框架，由国家履约来实现，而国家履约过程一般又会设定预期年份和预期目标，这是"国家碳预算"。《气候变化法案》的通过使英国以后的生产在"碳预算"的约束下自觉向清洁生产模式转型，2009 年 4 月 22 日英国宣布了本国的"碳预算"，英国政府的每项决策都将考虑碳的排放和吸收，还要相应考虑由此引起的财政收入和支出，确保英国清洁生产模式最终落到实处。

2009 年 7 月 15 日，英国政府公布了《低碳转型发展规划》白皮书，这是继《气候变化法案》后英国在清洁生产转型上又一重大进展。随后《英国可再生能源战略》、《英国低碳工业战略》和《低碳交通战略》相继出台，形成了相对完整的清洁生产体系。通过建立完整的清洁生产体系确保英国经济转型沿着正确的轨道前进，通过自身的努力向世界展示一个负责任的英国，并在世界清洁生产发展中占据主导地位。我们在看到英国立法推动清洁生产模式的积极意义同时，也要看到英国在清洁生产背后的利益诉求，作为一个老牌工业化国家，长期的高碳肮脏生产模式使其成为全球二氧化碳历史排放的主要责任者，经济竞争力的下降迫使其寻找新的竞争优势来源，清洁生产系列法案的率先推行，转移了世界对英国历史责任追究的视线，清洁生产模式的推动有利于英国积累技术并实现经济转型，获得发展的先机。

二、科技先行的法国清洁生产

法国作为欧洲清洁生产的重要推动者，和英国相比其最突出的特点在于清洁生产技术的积累，并通过相应的体制机制转化为现实生产力，这使其成为欧洲推进清洁生产又一重要力量。

法国作为发达的资本主义国家，在清洁生产技术研发方面进行了长期积累，因此技术基础良好。长期大气污染和气候变化研究使法国在世界气候、气象领域的研究一直位于前沿。减少大气污染推进清洁生产问题一直是法国科学院、法国工业环境科学院等研究机构和环境企业长期跟踪的重要课题，并取得了独具特色的科研成果，凭借研究的积累，法国建立了一套较为完善的空气监测和预报及污染物溯源系统，以此为基础，通过推行清洁生产技术、制定政府的政策导向，来推进清洁生产和治理大气污染。

2011 年，在法国科学院大气系统实验室主持下，法国组织多国参与的研究团队进行集体攻关，为巴黎治理大气污染和推进清洁生产形成有针对性的应对对策，结合 2009～2010 年巴黎地区 PM 2.5 情况进行综合研究，从多视角分析大气污染并推进清洁生产的展开。通过综合利用地面、高空及遥感监测手段，应用法国长期积累形成的国家空气质量模型，针对 PM 2.5，特别是有机颗粒物进行污染源解析，定量一次和二次污染，细化了局部和区域污染及人为和自然污染，并重新整理了巴黎 PM 2.5 的排放源清单，提出有针对性的污染源治理清单，力推用清洁生产模式减少大气污染物的排放。这是全球首次以中纬度发达国家大都市 PM 2.5 为研究对象的系统研究工作，这为巴黎的空气污染治理工作提供了可信的科学依据。法国 ARIA 科技公司对多个尺度下的 PM 2.5 进行实时在线监督、预测及预报，并对污染物的溯源进行了大量研究和应用。针对巴黎交通污染超标情况，ARIA 科技公司为巴黎空气检测站开发了全球首个以 3 米为精度的交通空气质量实时监督和预报系统。

　　针对污染源的分析，结合污染治理推进清洁生产，主要在以下几个方面进行突破。

　　第一，制定绿色产业战略推行清洁生产。法国可持续发展综合委员会（Commission Géneral Développement Durable，CGDD）结合法国的研究积累和世界发展趋势，对绿色产业的现状和未来提交了一份综合报告，全面分析了目前世界上已经初步形成工业规模或具有极强发展潜力的 17 种绿色产业，即生物质能、生物质材料、生物燃料、绿色化工、高附加值垃圾回收利用、风能、海洋能、地热、二氧化碳的捕集和储存（carben chapture & storage，CCS）、光伏能、低碳汽车、能源储存、计量测量和仪器、工业流程优化、后勤服务和物流管理、智能电网、节能建筑，并就产业具体发展提出具有针对性的对策建议。该报告提出了一个具有针对性的分析思路，即与世界先进国家进行横向比较，判断法国各产业的技术成熟度和未来市场潜力；并针对清洁产业发展的现状，结合法国不同产业发展水平和竞争能力分析中小型企业和大型企业所发挥的作用。该报告的最终目标是通过对各绿色行业进行纵向和横向比较，制定适当的产业战略，充分发挥各产业的优势，促进法国经济的绿色增长。要实现这个目标，每个产业都需要一个清晰的发展路线图、大规模研发公共投入，以及相应的基础建设和对创新型中小企业的有力支持，从而保证法国在未来国际市场上占据有利地位。

　　第二，以交通为突破口开展清洁生活运动。利用科研积累的成果，在探明大气污染源头的基础上，通过强制规范的推行，让清洁生产理念和模式扎根于民众日常生活。法国空气质量跨部委员会（Comité Interministériel dela Qulité de l'aiv，CIQA）研究启动微粒污染高峰期车牌单双号轮流行车制，即在大气污染指标超过警戒线时（范围由此前的臭氧扩大到氮氧化合物、可吸入微粒物），车牌号为双数的车辆只能逢双日行驶，车号为单数的车辆逢单日行驶，通过汽车限行减少二氧化碳的排放，培养民众清洁生产的理念和行为。法国近年来大力发展清洁的公共交通，增设有轨电车和电动巴士，开设连接各交通主干线的支线电动摆渡车，创新推出电动汽车租赁项目，推行"自行车城市"计划，扩大自行车道并提供廉价方便的自行车租赁服务，鼓励慢行交通，降低交通总体污染。法国参与了欧洲十余个国家近 200 座城市建立的"低排放区"（low emission zone，LEZ），严禁污染最为严重的汽车驶入。不同国家、不同城市根据自身情况，根据机动车车型、吨位、尾气排量、行驶年限、是否安装微粒过滤器等指标进行详细分类，在城市的中心市区、郊区等不同范围内设立有区别的限制措施。通过与民众生活切实相关的活动的清洁化，清洁生产理念和模式在民众生活中的影响越来越大，清洁生产生活日益成为一种自觉自愿的行为。

第三，推广节能建筑，将节能技术转化为清洁生产行为。降低建筑能耗和污染，法国出台了新版的《建筑节能法规》，从 2013 年 1 月起，对所有新申请的建筑必须符合年耗能的限制进行了调整，调整幅度巨大。为了适应新的低能耗建筑要求，法国建筑企业和设计事务所纷纷投入可持续发展建筑的研发创造中，太阳能、风能、地热能和生物质能纷纷在建筑中得到应用，节能建筑的推广不仅推动技术存量转化为现实生产力，还推动了新一轮清洁生产技术在建筑行业的研发及应用。为了早日消化传统非清洁生产模式积累的历史遗留问题，扩大清洁生产技术的市场，新建建筑将按照严格的低耗能标准建造，耗能巨大、污染较重的老建筑也将逐步分批获得改造，奥朗德政府提出 2017 年以前每年改造 50 万户（其中包括 38 万所私人住宅）的目标，将这些传统住宅进行节能化改造，以补助的形式为住户提供外墙、屋顶、隔板的保温，以及高效能制暖设备的安装。

法国清洁生产最大的特点在于长期进行技术积累，并利用国家政策引导，将积累的技术进行产业化推广，形成市场拉动技术、技术开拓市场的互动发展模式，这促进了法国的清洁生产技术发展，使其在绿色建筑方面走在了世界的前列。

三、循序渐进的德国清洁生产

德国作为欧洲传统工业化强国，以鲁尔为代表的煤钢复合生产模式在给德国带来工业强国的荣誉光环的同时，也给德国带来了肮脏生产的副产品。为了建立清洁生产模式德国经过了艰苦的努力，通过循序渐进一步一个脚印地推进，建立起世界先进的清洁生产模式，其成功经验能给中国带来更多的启迪和借鉴。

德国是第二次工业革命的赢家之一，从 19 世纪 60 年代开始进行了 100 多年的工业化建设，通过建立煤钢复合生产体制向大气中不间断地排放二氧化碳，肮脏生产模式使鲁尔工业区成为钢铁和重化工业集聚地和大气污染的重灾区。1962年导致 150 多人死亡的鲁尔区"雾霾事件"，将德国肮脏生产模式的恶果彻底暴露给了世界，治理大气污染推进清洁生产成为德国经济发展必须面对的现实问题。在这一特定背景下，1961 年德国政治家维利·勃兰特首先提出"鲁尔区的天空必须重新变蓝！"的选举口号，这成为一面光辉的旗帜，不仅引导德国生产模式的转型，也是德国清洁生产的开始，并走上循序渐进的清洁生产发展之路。鲁尔区所在的北莱茵-威斯特法伦州在 1964 年出台了德国第一部地区污染防治法，设定了空气污染浓度的最高限值，拉开了鲁尔地区清洁生产大幕；随着鲁尔清洁生产影响的扩大，整个德国开始注重大气污染治理和清洁生产的推广，1971年空气污染治理首次纳入联邦德国的政府环保计划，从国家的层面注重清洁生产的推进；1974 年，德国第一部联邦污染防治法正式生效，二氧化硫、硫化氢和二氧化氮都开始执行更为严格的污染限值，大气污染治理和清洁生产进入可量化推进的新时代。在持续清洁生产行动推进中，德国依靠循序渐进的做法，取得了巨大成就。多年经验的积累和 2008 年制定的涵盖 9 种污染物环境治理的《欧洲空气质量和清洁空气欧盟委员会指令（2008/50/EC）》，对德国清洁生产推动巨大。清洁生产关注的重点是重点控制的空气污染物随着时间的推移不断变化：20世纪 60 年代主要是烟尘和粗尘，目标是鲁尔区的蓝天；到了 20 世纪 70～80 年代，二氧化硫和氮氧化物成为主要控制对象，原因是影响欧洲的酸雨问题；从 20 世纪 90 年代中期开始才逐渐重视臭氧；近年来又新增了细颗粒物，即备受关注的 PM2.5。清洁生产持续推进使鲁尔改变过去的形象，成为从肮脏生产向清洁生产转型的楷模，在世界上树立清洁生产转型的榜样。

德国在循序渐进的清洁生产推进中形成独特的模式，其特征归纳起来主要有以下三点。

第一，重视清洁生产推进过程中的量化控制。首先，德国的清洁生产改变华而不实的空洞说教，依靠严格科学的数据来落实清洁生产行动，保障了清洁生产行动落到实处。清洁生产落实注重三大目标的落实，即空气质量标准、限制排放源的排放和建立总的排放限值，并通过清洁空气计划、《德国排放控制法案》规定的许可证等来保证。其次，根据现有技术或最佳可用技术对排放源提出排放限制要求，并且在某些情况下，借助体制机制持续建设不断填补制度的漏洞，增强制度的刚性来达到落实行动的目标，并实行特定产品的生产禁令。最后，限制有关污染物质量的国家总排放负荷，即设定所有污染源排放的国家上限。注重污染源形成的控制，针对燃料质量（如汽油和取暖油的硫含量）和原料质量（如低溶剂涂料）是污染源的来源，根据技术的单源排放限值（从摩托车到电厂），对于小源（乘用车）的型式试验，大型工厂和道路工程的审批程序等。联邦政府、各州和地方当局共同合作制订了符合各自地方实际情况的清洁空气行动计划，如"柏林清洁空气计划 2011—2017"。以细颗粒物 PM2.5 为例，柏林市详细研究了其主要来源，结论是城市交通排放约占 29%，柏林的其他来源约占 15%，而来自柏林以外地区的其他来源则约占 56%（其中交通占 9%），有针对性地采取了诸如设立"环保区"、建设绕行道路、建立城市物流中心、推广电动车、强制公交安装微粒过滤器、推进建筑机械和客船加装颗粒过滤设备等系列措施，通过持续检测来落实。

第二，重视科技投入求实效。清洁生产是一项技术资本密集的生产模式，需要科技研发和大量资金投入。仅以鲁尔区的众多优惠政策中煤炭价格补贴为例，德国政府在很长一段时间内每年给鲁尔集团近百亿马克的补贴，引导整个区域性的能源结构转化，在关闭污染企业、解决失业问题、治理污水、集中整治土地过程中，政府不是简单关停了事，而是通过投入大量资金确保污染治理的不反弹。推动鲁尔地区生态和经济改造的"国际建筑展埃姆舍尔公园"（International Building Exhibition Em Scher Park，IBA）计划，从1991年至2000年的120个更新项目就耗资超过800亿欧元。在不断推进空气污染治理的过程中，德国非常重视科技的应用，不断加强空气净化处理等环保产业，形成环保技术的进步和新兴节能环保产业对传统产业的替代；另外从分析研究空气污染的源头，应用各种现代化的检测手段，实时在线监测污染源，高投入高效率机制。

第三，以发展循环经济为突破口。德国推进清洁生产，一直重视发展循环经济，德国是世界上最早实施循环经济立法的国家，政府自上而下地推进德国循环经济法规的完善，形成了三个层面的循环经济法律体系，即循环经济基本法、循环经济综合法及循环经济专项法。德国各地都有企业提供垃圾再利用服务，从事技术咨询和垃圾回收处理，并能因此获取适当利润，利润是德国循环经济发展的基本动力。德国政府、企业和公众密切合作，循环经济发展成绩斐然，循环经济已经成为德国社会经济发展不可缺少的重要组成部分。循环经济体系建立和发展的关键是技术进步。德国工业技术和装备水平居于全球领先的地位，这一领先地位也构成了德国资源产出率和资源利用率处于世界领先水平的基础。德国有一整套的先进技术来支撑其垃圾发电的各个环节，即垃圾分选、干法生产沼气、沼气发电等环节。德国冶金生产中有95％的矿渣经过技术处理都可以重新再利用，经处理后的矿渣可以做建筑材料、生产水泥或化肥使用。自2000年开始实施《可再生能源法》以来，德国政府花费巨资积极鼓励和发展可再生能源，并且取得了令人瞩目的成绩。德国的发电量中可再生能源所占比率已经从2000年的6％上升到2013年的25％左右。德国把发展生态工业的重点定在绿色经济的发展上，严格制定和执行环保政策；制定各行业能源有效利用战略；扩大可再生能源使用范围；可持续利用生物质能；制定刺激汽车业改革创新措施；实行环保教育、资格认证等方面的措施。

德国通过循序渐进的做法推进清洁生产方式的落实，从能源使用到工业生产，从财政投入到技术研发形成完善的体制机制，建立起成熟完善的促进机制，确保德国在清洁生产上走在世界前列。

四、因地制宜的瑞士清洁生产

美国哥伦比亚大学和耶鲁大学最新公布的2012年环境表现EPI①指数中，瑞士名列第一。瑞士能成为清洁生产的先行者关键在于瑞士结合国情，因地制宜地推进清洁生产并取得成效，成为世界上清洁生产佼佼者，其成功做法是非常值

———————————

①　EPI（environmental performance index，即环境绩效指数）。

得发展中的武汉学习的。

瑞士最大特征就是依据国情制定清洁生产发展规划，并有条不紊地推进而取得成就，其成功做法体现在以下几个方面。

第一，借助自然生态保护从源头推进清洁生产。作为著名的旅游国家，瑞士其实也是世界上受污染威胁最大的国家之一，19 世纪末随着旅游业的兴起和工业化发展，大量森林被砍伐，政府即时颁布保护森林资源的法律，把森林保护纳入法制轨道；自 19 世纪初期至今一直是世界水力发电行业的中坚力量，充分利用水力资源供电，减少火力发电带来的大气污染，处理好水资源开发与环境保护，形成特定的环保产业。针对国土面积有限，城市与乡村差距很小，在环境保护问题上实现一体化保护。由于对森林和水资源的开发与保护得力，作为空气污染最主要元凶的煤炭和油料燃烧在资源使用中处于弱势地位，这从整体上减少了能源使用的热排放，城市的空气质量也从源头上得到了有力的保障，已经基本上实现了生态型社会的目标。

第二，重视交通系统运行的清洁化。瑞士的铁路系统非常发达，乘坐火车是瑞士民众最主要的出行方式，2011 年，每天约 100 万人乘坐 SBB 瑞士联邦铁路列车，全国在使用的站台有 807 个，全国有 1/3 职工每天乘坐 SBB 列车出差或通勤，截至 2011 年，SBB 运行 3 138 千米铁路线，加上非 SBB 线路总共 5 000多千米的铁路线，早已经全部采用电气化，二氧化碳排放极其有限。在城市中，政府也大力发展有轨和无轨电车等绿色交通工具，鼓励民众使用公共交通工具，还为骑自行车出行的民众提供专用车道，并在火车上专门配置可携带自行车的车厢。作为欧洲最早使用汽车尾气净化装置的国家，瑞士实行严格的汽车排放标准，为此也曾拒绝 F1 赛事进驻。

第三，运用市场推进清洁生产。清洁生产和环境保护以行政强制命令为主虽然行之有效，但更多地引入经济手段已经成为瑞士污染防治改革的方向。引入经济手段实现"谁污染，谁付费""污染大，花钱多"的原则，使企业在制定发展战略时将环境保护置于其成本中，从而达到自愿减少污染的目的。瑞士政府对企业征收垃圾处理税、能源消费税等税种，这些收入的 2/3 都会被用于相应的环境项目，剩余的则被投入公共基金。与强制征税相配合，政府也积极鼓励企业进行自愿减排，政府对达到自愿减排目标的企业免征二氧化碳税，如果未实现减排目标，则对超出减排目标的每吨二氧化碳罚款 100 瑞士法郎，并要求其在下一个减排期内实现减排目标。此外，政府也采取颁发消费许可证和补贴等多种经济手段保护环境，对整个水泥行业签订减排协议，对企业用于减排的黑泥等原材料实施优惠措施等，以保证企业不因减排而降低经济效益。

瑞士推行清洁生产的最大特征是结合本国特定的国情，不制订脱离本国实际的清洁生产计划，确保清洁生产计划的可行性和可执行性。同时充分发挥市场调节的功能，从而取得良好的效果。

第三节　政府主导与企业联动：亚太地区清洁生产

亚太地区作为世界经济快速发展地区，在经济取得巨大成就的同时，大气污染存在的问题也不容忽视。亚太地区的部分国家结合本地经济社会发展，推行的清洁生产模式取得了一定成就，其成功的经验是值得武汉学习和借鉴的，总结亚太地区的清洁生产机制发展模式具有重要意义。

一、政府主导的日本清洁生产模式

日本作为一个岛国的，经济资源极其缺乏，对世界气候环境的变化极其敏感。日本注重清洁生产技术的应用，受到东亚政治体制特点的影响，政府在清洁生产模式的形成中具有独特的地位，并形成独具特色的清洁生产模式。

日本的清洁生产模式具有以下几大特点。

第一，制订行动计划与规划形成发展路线图。在日本长期经验和技术积累的基础上，面对日益严峻的气候环境问题，日本政府积极制订面向 21 世纪的清洁生产计划。2004 年，日本环境省通过全球环境研究基金发起"面向 2050 年的日本低碳社会情景"研究计划，分别从发展情景、长期目标、城市结构、信息通信技术、交通运输五个方面展开研究，描绘日本 2050 年低碳社会发展的情景和路线图，提出在技术创新、制度变革和生活方式转变方面的具体对策，成为主导日本清洁生产发展的纲领性文件。2006 年，产业经济省编制《国家新能源战略》，从能源供需结构、资源外交与能源环境合作、强化环境应急能力、制定能源技术战略四个方面，借助节能技术、降低石油依存度、能源消费多样化等推行新能源战略。2007 年制定《21 世纪环境立国战略》，提出综合推进"低碳社会"、"循环型社会"和"与自然和谐共生的社会"的建设。2008 年由内阁综合科学技术会议公布的《低碳技术计划》，提出建立低碳社会的技术战略和能源环境技术创新促进措施，重点突破超燃烧系统技术、超时空能源利用技术、节能型信息生活空间技术、低碳型交通社会构建和新一代节能半导体元器件技术五大领域。2008 年公布《面向 2050 年日本低碳社会情景的 12 大行动》和《低碳社会的行动计划》，明确了清洁生产如何与低碳技术对接及其重要突破口，一是在 2020 年前实现二氧化碳捕捉及封存技术的实际应用，将二氧化碳回收成本降低到 2 000 日元以下；二是力争到 2030 年，将燃料电池系统的价格降至现在的 1/10；三是到 2020 年，太阳能发电量提高 10 倍，2030 年提高到 40 倍，2011～2013 年，降低发电系统价格 50%；四是寻找减轻可循环能源成本负担的方式；五是到 2020

年，实现电动汽车占比 50％；六是建立国内碳排放量交易制度；七是研究"地球环境税"等相关课题等，目的是试图在源头控制污染，通过清洁生产确保二氧化碳排放减少的长效机制。2009 年公布《绿色经济与社会变革》，除要求采取环境、能源措施刺激经济外，还提出了实现低碳社会、实现与自然和谐共生的社会等中长期方针，并对社会资本、消费、投资、技术革新方面相关制度进行改革，便于其顺利推进。

通过系列规划对接，使日本全社会发展清洁生产，形成清晰的技术路线图，便于集中社会力量共同推进，且在全社会范围内有条不紊地推进，避免个体行动的规模不经济。

第二，重视政府的政策引导和监督管理。其一，加大财政投入力度。为促进清洁生产政策的落实，日本政府出台了特别折旧制度、补助金制度、特别会计制度等多项财税优惠措施加以引导，鼓励企业开发节能技术、使用节能设备，最大限度地降低企业在向清洁生产转型过程中的成本。加大财政投入力度，运用政府的引导加快清洁能源技术的开发和利用，政府在开发利用太阳能、核能、风能、光能和氢能等替代能源和可再生能源的技术方面投入巨资，通过财政补助等手段积极开展潮汐能、水能和地热能等新一代清洁能源的研发。根据 2008 年日本政府公布的科技预算，仅单独立项的环境能源技术开发费用近 100 亿日元，新型太阳能发电技术的预算为 35 亿日元。其二，建立完善的落实监督机制。为了将政府的政策导向落到实处，日本建立了多层次的节能监督管理体系，形成有效的监督管理体制。第一层为首相领导的国家节能领导小组，负责宏观节能政策的制定。第二层为以经济产业省及地方经济产业局为主干的节能领导机关，主要负责节能和新能源开发等工作，并起草和制定涉及节能的详细法规。第三层为节能专业机构，如日本节能中心和新能源产业技术开发机构（New Energy and Industrial Technology Development Organization，NEDO）等，负责组织、管理和推广实施。其三，加强宣传与教育。重视环保理念的宣传示范工作，在推行"碳足迹"、碳排放权交易等政策措施过程中，进行相应的示范试点，以求稳步推进。

第三，鼓励企业发展循环经济推进清洁生产。在日本政府的引导下，日本企业纷纷将节能视为企业核心竞争力的重要内容，因此十分重视节能技术的开发。在第二次世界大战以后日本曾是世界上重要的工业大国，在汽车制造、半导体等方面产品占有广阔市场，部分产品已经过了报废期，日本利用传统工业品的市场影响，引导企业大力发展循环经济，推动废品的回收利用，形成以企业为中心的完整的循环经济发展体系。日本具体废弃物循环利用的法规，包括《容器和包装物循环利用法》（1995 年制定，1997 年实施）、《家电循环利用法》（1998 年 6 月制定，2001 年 4 月实施）、《建筑材料循环利用法》（2000 年 5 月制定，2002 年 5

月实施)、《食品循环利用法》(2000 年 6 月制定,2001 年 5 月实施)、《汽车循环利用法》(2002 年 7 月制定,2005 年 1 月实施)、《PCB 特别措施法》(又称《聚苯乙烯等废弃物处理特别措施法》,2001 年 6 月制定,2003 年实施)、《特定产业废弃物特别措施法》(2003 年 6 月制定,2005 年实施)。日本政府提出的建立循环型社会的战略方针已经深入人心。企业和国民都积极地响应,主动配合有关方面做好废弃物的循环利用工作。日本理光、松下电器、索尼、夏普等公司都提出了"产业垃圾零排放"措施。所谓的"产业垃圾零排放"是指通过将生产过程中排放出来的废弃物进行循环使用,将所有的废弃物都加工成各种有用的产品,最后达到消除垃圾的目的。日本企业在发展循环经济推进清洁生产过程中,树立了企业的良好社会形象和技术形象,使企业容易占据社会责任的道德制高点,从而在市场竞争中占据优势。

日本的清洁生产推进体现为政府主导性和企业的积极参与性,通过政策使企业和政府在发展清洁生产中结成利益共同体。这一方面与日本政府和企业关系密切的历史传统有关,另一方面与日本社会的危机意识强紧密相连,推行清洁生产更多地体现为社会自觉自愿的行为。因此,清洁生产的推进必须重视政府的作用,但更重要的是借助利益的纽带凝聚社会共识。

二、低碳绿色增长的韩国清洁生产模式

韩国作为新兴工业化国家,在推进清洁生产方面不遗余力,其他发达国家重视口头提出绿色低碳发展,韩国则把低碳绿色增长作为清洁生产模式的核心。2009 年韩国国会的第 9931 号法案通过《绿色增长基本法》,并在 2010 年 4 月开始实施,以低碳和绿色增长作为韩国的经济增长的核心,也确立清洁生产模式的基本思想,在 2013 年对《低碳绿色增长基本法》做了修订,使其更加适合经济社会发展的需要。因此,韩国的清洁生产模式是在低碳绿色增长模式驱动下的可持续增长模式,并具有以下几个特点。

第一,清洁生产重在突出绿色。通过节约并高效利用能源资源,减少人类对气候和环境造成的威胁,以清洁能源和绿色技术的研究开发创造新的增长动力并扩大就业,实现经济和环境协调发展的绿色增长是韩国经济增长的主要模式;贯穿于社会经济发展的全过程,促使全社会节约、高效地利用自然资源和能源,将温室气体和污染物的排放降到最低程度,包括温室气体减排技术、能源高效利用技术、清洁生产技术、清洁能源技术、资源循环和绿色生态技术(包含相关融合技术)等在内的绿色技术是实现这个目标的根本出路;在经济、金融、建设、交通物流、农林水产、观光等经济活动的各个领域高效利用能源和资源的绿色产业是未来经济发展的主导产业;消费能源资源的使用和温室气体、污染物排放量降到最低的绿色产品是推动可持续发展的重要途径;公众在意识到气候变化严重性

的同时，在其个人的日常生活中积极节约能源并将温室气体和污染物排放量降到最低，这种绿色生活方式是健康的生活方式；企业在经营活动中积极节约并高效利用能源资源，将温室气体的排放和环境污染的发生率降到最低，切实履行社会道德职责的绿色经营方式是全社会应该遵循的经营方式（郑彤彤，2013）。通过法律确定韩国低碳绿色增长方式的基本特征和内涵，明确韩国清洁生产应该遵循的基本规则。

第二，实行责任明确协作推进的模式。清洁生产的推进是一项系统工程，需要各方面共同努力推进，韩国明确不同主体在清洁生产的中责任与义务不同。其一，政府的责任。积极解决气候变化、能源与资源问题，加大增长动力，强化企业竞争力，高效利用国土资源，促进国家发展战略的全面发展；灵活利用市场调控机制，促进以民间力量为主导的低碳绿色增长；把绿色技术和绿色产业作为经济增长的核心动力，积极扩大就业渠道，努力构建新的经济体制；提高资源利用率，政府要加大对具有潜力和竞争力的绿色技术与绿色产业的投资与支持；在社会、经济活动中促进能源和资源的高效利用与循环利用；在保证自然资源和环境在有价值的基础上合理地促进国土和城市、建筑和交通、公路、港口、上下水道等基础设施的低碳绿色增长；改善针对环境污染和温室气体排放所支付的经济费用问题，以及消费市场价格的波动等引发的缴税体系和金融体系的问题；及时把握并分析低碳绿色增长的最新国际动向，并对国家政策做出合理调整；动员全体国民、国家机关、地方自治团体、企业、经济团体及市民团体共同参与，为构建低碳绿色增长而努力。其二，地方的责任。积极协助落实国家低碳绿色增长措施；商议和施行低碳绿色增长政策时要考虑自身特点和条件；在各自管辖区域内履行各项产业计划时应综合考虑该计划和产业对低碳绿色增长的影响，并加强对当地民众低碳绿色增长的教育和宣传；要奖励本区域的企业、公民、民间团体为低碳绿色增长所做的一切努力，积极提供有效信息及必要的财政支援。其三，企业的责任。率先实行绿色经营，在企业活动的全过程减少温室气体和污染物的排放，加大对绿色技术研究开发和绿色产业的投资，努力创造就业机会，切实履行与环境相关的社会道德责任；积极参与并落实政府和地方自治团体制定的低碳绿色增长政策。其四，民众的责任。在家庭、学校、职业生活中积极践行绿色生活方式；关注具有绿色经营理念的企业，增加绿色产品的消费及利用率，促进企业的绿色经营；正确认识当前人类面对的气候变化、能源资源危机等问题，并积极投身到绿色生活运动中去，努力为子孙后代创造健康舒适的生存环境。

第三，突出可持续发展清洁生产目标。国土是绿色增长的基础及成果的展示场所，为谋求当下和未来的舒适生活应努力平衡好国土开发和保护、管理的关系。清洁生产重在绿色国土的管理，主要包括以下措施：构建能源资源自立型低碳城市，扩大山林绿地面积，保护广域生态轴，合理开发、利用、保护海洋资源，建设低碳港口，促进现存港口向低碳港口转变，扩大建设亲环境交通体系，缓解自然灾害带来的国土损害。要扩大绿色建筑规模，设立绿色建筑物等级制，以提高能源利用率和新能源与可再生能源使用率，且温室气体排放率低的建筑物规模，在建筑物的设计、建设、维持管理、拆迁等过程中，要贯彻能源资源消费最小化的宗旨，并努力降低温室气体排放量；中央行政机关、地方自治团体、总统令规定的公共机关和教育机关的建筑物在落实绿色建筑物政策的过程中应发挥先导性作用。要加大对动植物栖息地、优秀的生态环境资产和有地域特色的文化财产的保存、复原、利用，积极建设适合全体公民生态体验和教育的场所，促进观光资源和地域经济的灵活发展。

低碳绿色增长是韩国清洁生产活动的核心，是政府主导下的国家应对环境变化实现可持续发展的政策，形成的低碳绿色增长模式，广泛动员社会参与，并提出绿色经营和绿色生活消费等新理念，对韩国的清洁生产有巨大推动作用。需要说明的是，由于技术积累和市场开拓程度有限，在韩国推行清洁生产模式过程中也有人质疑该活动，认为这影响了韩国的竞争力。从长远来看，低碳绿色增长无疑具有很强的竞争力，但从短期来看会造成政府和企业的负担，形成短期成本快速上升，如何协调眼前和长远利益是推进清洁生产必须把握好的问题。

三、全球合作的澳大利亚清洁生产模式

澳大利亚作为一个发达资本主义国家，利用全球合作来推进清洁生产模式，借助国际合作来推广碳捕集技术，提升清洁生产能力和水平，通过建立全球性的碳排放交易市场，使清洁生产好处能转化为企业的经济利益，形成具有澳大利亚特色的清洁生产模式。

澳大利亚清洁生产模式具有以下几大特点。

第一，重视全球合作促进碳捕集技术的进步。2008 年 9 月，在澳大利亚政府倡议下，全球碳捕集和封存研究院在澳大利亚建立，吸引澳大利亚、美国、英国、日本、印度、沙特等近 40 个国家的政府机构，以及全球 80 多家研究咨询机构和 130 余家企业加入，成为全球首家碳捕集技术研究机构。该研究机构实施"全球碳捕集与储存计划"，使澳大利亚对清洁煤技术的研究处于世界领先地位，该计划通过建立一个全球碳捕集与储存中心，来推动碳捕集与储存技术和知识在全球的推广。该项目包括两个主要技术突破口，一是 ZeroGen 项目。ZeroGen 项目由澳大利亚昆士兰州政府所有的电力公司 Stanwell Corp. 牵头，荷兰皇家壳牌有限公司（Royal Dutch Shell Plc）和美国的通用电气公司（General Electric Co.）提供技术支持，将煤转化成富氢气体和高压二氧化碳，通过燃烧这种气体来驱动高效涡轮机发电，产生的二氧化碳通过管道被输送到约 220 千米以外的地方埋存于地下含水层中，产生的二氧化碳总排量的 70%（每年可达 42 万吨左

右）可捕集和埋存，成为世界上首个通过结合煤气化和二氧化碳捕集与储存技术来生产低排放电力的燃煤发电厂。二是 Kwinana 项目。由英国-澳大利亚矿业集团 Rio Tinto 和英国石油公司（BP PLC）合作建设煤炭发电厂 Kwinana。该项目利用碳捕集及埋存技术来减少二氧化碳排放，每年将 400 万吨的二氧化碳安全存放在海底岩层中，这成为全球首个二氧化碳埋存于盐水层的氢燃料电力项目。澳大利亚借助全球科研技术力量的合作，推进能源排放的清洁化，弥补本国的科研力量不足，从而把澳大利亚建设成为世界性的碳捕集技术中心。

第二，联手欧盟建设碳排放交易体制。澳大利亚在 2011 年正式公布了碳排放税方案，自 2012 年 7 月 1 日起开征碳排放税，2015 年开始逐步建立完善的碳排放交易机制，并与国际碳交易市场挂钩，成为继欧盟和新西兰之后的又一个在全国范围内引入碳交易机制的国家。该方案决定将二氧化碳排放定价作为该国应对全球气候变化和推进清洁生产的核心，并对该国矿业、交通、能源等行业的 500 家大型企业开征碳排放税，并联合欧盟在二氧化碳排放市场建立世界上最全面、最强健的二氧化碳排放贸易机制，把澳大利亚二氧化碳排放的 75% 纳入交易体制，为整个经济创造降低二氧化碳排放的动力，刺激可持续、低排放，促进清洁生产模式形成，奠定澳大利亚未来繁荣与发展。为了推进二氧化碳排放交易的进行，澳大利亚建立了两个重要的二氧化碳排放交易平台：一是澳大利亚气候交易所（Australian Climate Exchange Limited，ACX），作为澳大利亚首家电子化二氧化碳排放交易平台，在 2007 年开始交易；二是澳大利亚金融与能源交易所（The Financial and Energy Exchange Ltd.，FEX），它是专注于清洁技术的国际交易所，是定位于亚太地区的能源、商品、环境及金融衍生产品的交易平台。2012 年欧盟宣布与澳大利亚合作建立碳排放市场，双方在 2018 年 7 月 1 日前完成排放交易体系对接，相互承认双方限额与贸易机制的碳单位，企业将允许使用兼容体系下的碳单位，试图建立全球最大的碳排放交易体系。

第三，建立支持清洁生产的碳金融交易体系。所谓碳金融，是指由《京都议定书》而兴起的低碳经济投融资活动，或称碳融资和碳物质的买卖，即服务于限制温室气体排放等技术和项目的直接投融资、碳权交易和银行贷款等金融活动，澳大利亚在推进清洁生产过程中重视发挥碳金融的促进作用。2009 年 7 月，亚洲开发银行和澳大利亚政府签订信托基金协议，以支持对增加的碳排放进行捕集和封存。通过和本国和世界专业性金融机构合作，建立支持清洁生产的基金。此外，澳大利亚的新南威士温室气候减排体系（greenhouse gases abatement scheme，GGAS），是世界上最早建立的碳金融交易体系，也是世界上唯一的"基线信用"（baseline and credit）型强制减排体系，它有力推进了澳大利亚清洁生产的发展。

澳大利亚推进清洁生产最大的特点是通过国际合作，推进清洁技术研发和二氧化碳排放权交易市场的建设，善于利用国内外有利因素促进本国清洁生产的发展，并取得了巨大的成就。

第四节　共识凝聚与全员参与：国内的清洁生产

粗放的经济发展方式在促进我国经济规模扩大的同时，也造成我国的环境污染严重，资源约束和可持续发展受到严峻挑战，推行清洁生产转变发展方式成为经济转型的重要出路，许多成功经验可供武汉学习借鉴。

一、集中推进：奥运期间北京的清洁生产

奥运会期间，为了履行中国政府提出的"绿色奥运、科技奥运、人文奥运"的庄严承诺，确保奥运会期间北京大气环保标准达到国际奥林匹克委员会（简称国际奥委会）的要求，早在奥运会召开前的一段时间，北京市政府就联合周边的省市进行了大气污染的集中治理，并借助清洁生产机制的推进确保了奥运期间北京的大气质量，并积累了一定的集中推进清洁生产的经验。

具体做法包括以下几个方面。

第一，重视环保理念的宣传，使民众的环保意识极大增强。从北京申报奥运会开始就进行环保宣传，针对国外对北京环境的担忧明确提出了"绿色奥运"的申办口号，明确北京要借助奥运会的召开推行绿色环保理念，形成绿色奥运的特有内涵，即要用保护环境、保护资源、保护生态平衡的可持续发展思想，指导运动会的工程建设、市场开发、采购、物流、住宿、餐饮及大型活动等，尽可能减少对环境和生态系统的负面影响；要积极支持政府加强环境保护市政基础设施建设，改善城市的生态环境，促进经济、社会和环境的持续协调发展；要充分利用奥林匹克运动的广泛影响，开展环境保护宣传教育，促进公众参与环境保护工作，提高全民的环境意识，因此，整个奥运会筹办的过程也是环保理念普及的过程。为了配合奥运宣传，北京还举办系列活动宣传环保，"自然之友"以"羚羊车项目"借助奥运会宣传人与自然的和谐，2006 年开展"绿色奥运绿色出行环保公益活动"活动，搭建企业和公众参与绿色奥运的平台，宣传绿色出行理念，进一步缓解了北京市的交通压力并改善了空气质量，为奥运会做出贡献。2007年举办的"迎奥运每月少开一天车"环保宣传活动，都积极提升了民众的环保意识。奥运会结束后绿色奥运给北京市民留下深刻的影响，使爱护环境和保护环境变成多数市民自觉自愿的行为。

第二，利用奥运契机集中对北京污染源头进行治理。北京在过去开展环境治理研究的基础上，充分利用清华大学、北京大学、中科院等全国顶级科研机构的

技术力量，共投入 5 800 万元开展奥运环境质量保障专题研究，完成《北京市空气质量达标战略研究》、《北京与周边地区大气污染物输送、转化及北京市空气质量目标研究》、《北京市奥运期间大气污染控制特别行动研究》和《北京奥运会空气质量保障措施研究》等工作，并聘请国内外专家组成顾问团队，为政府决策提供了强有力的技术支持。针对北京地区机动车污染严重的现实，2006 年，北京更新淘汰了 1.5 万辆出租车和 3 000 余辆公交车，累计更新淘汰 5 万辆老旧出租车、近 1 万辆老旧公交车。同时北京有 4 000 辆天然气公交车投入运营（王豫，2007），并将北京最大的大气污染源首都钢铁公司进行搬迁，加大对火力发电和冬季取暖排放气体的控制，尽量减少向空气中排放废气。考虑到大气污染治理的长期性和艰巨性，不能毕其功于一役，截止到 2006 年，全市已累计实施了 14 个阶段，近 300 项大气污染控制措施，在控制煤烟尘方面，北京市积极改善能源结构，累计改造了 25 000 台煤炉（王豫，2007）。在周边六省的配合下，对火电脱硫技术进行更新和改进，改善了环境。建立阶段性的长效治理机制，加大力度治理扬尘，在分析沙土扬尘来源的基础，重点治理延庆康庄、昌平南口、永定河、潮白河、大沙河两岸五大风口沙尘。通过植树造林和增加植被覆盖，减少了空气中的沙尘污染。北京协同周边张家口等地区，全面完成重点风沙危害区的治理，引进沙生、抗旱草本植物，对全市沙区现有裸露沙荒地、卵石滩地、沙坑地等实行种草覆盖，以消除北京境内沙尘源，解决就地扬沙、扬尘的问题。自 1998 年申奥成功到 2008 年举办奥运会，北京投入大量资金加强城市环境整治，累计投入 1 400 多亿元环保资金，连续实施了 200 多项治理措施，使北京的污染治理、环境建设和管理提高到了一个崭新的水平。北京加大扬尘污染的治理力度，统计表明，北京空气质量优良天数的比例由 2000 年的 48.4% 提高到 2007 年的 67.4%，奥运会期间空气环境质量达到了国家二级标准和世界卫生组织（WHO）指导值的要求。通过举办奥运会，北京环境质量实现了质的飞跃，完全达到了举办绿色奥运的目标。在北京举行的《北京 2008 年奥林匹克运动会环境审查报告》发布仪式上，联合国助理秘书长、联合国环境规划署（United Nations Environment Programme，UNEP）副执行主任沙发尔·卡卡海尔，对北京 2008 年奥运会的努力赞赏有加，并认为，"北京奥运会将给世界体育运动与环境保护树立一个新里程碑和新标准"（黄勇，2007）。

第三，利用奥运经济推动经济结构清洁化。奥运经济带来的刺激加快了北京经济结构调整和增长方式转变，清洁生产和低碳产业结构在整个经济中所占比重上升，传统的高污染高能耗产业减少。北京将积极发展高新技术产业、现代服务业，加快对传统产业的技术改造和产品升级，坚决淘汰资源和能源消耗高、污染物排放量大的生产工艺和设备，加快市区污染企业的搬迁调整。2006 年 5 月，首钢 2 号焦炉停产，7 月北京炼焦化学厂全面停产，高井、国华、京能、京丰、华能五大燃煤电厂按照奥运会倒排期的要求，加快了脱硫、脱氮和除尘的深度治理工程（王豫，2007）。为了配合奥运会的需要北京在产业结构上进行了调整，将以肮脏生产为主的重化工业的比重不断降低，重点发展低污染、低能耗、低排放的清洁生产产业，将经济增长的中心转向高新产业和服务业。奥运会的举办使北京的经济社会发展程度至少提前了五年，实现产业结构调整是北京举办奥运会最大的收获（程小旭，2008）。奥运会的举办使北京"三、二、一"的产业格局和服务主导型经济特征不断巩固，服务业增加值占 GDP 比重由 2001 年的 67%提高到 2007 年的 72%。生产性服务业、文化创意产业等高端产业发展态势良好，中关村科技园区、北京经济技术开发区、CBD 商务中心区、临空经济区、奥林匹克中心区和金融街六大高端产业功能区集聚引领作用显著增强。2004～2007 年，六大高端产业功能区增加值由 1 746.0 亿元增加到 3 413.8 亿元，占全市 GDP 比重由 28.8%增加到 36.5%。因此，北京奥运会对环境保护的作用不仅在于环保理念的普及和污染源头的治理，更重要的是通过产业结构的调整实现了清洁生产持续发展。

北京利用奥运会推进清洁生产产生了重大的影响，时任联合国副秘书长兼UNEP 执行主任阿奇姆·施泰纳在书面声明中表示："根据北京奥运会和残奥会的初步环境评分卡显示，此次奥运会符合绿色奥运会的标准。"北京市政府在奥运会期间治理污染和推动清洁生产的经验很重要，如果全国各地的政府都能吸取这其中的经验，使奥运会留下一笔丰富的遗产给整个国家，那么北京奥运的这笔投资似乎更加用得其所（黄勇，2007）。

二、产业驱动：海南的清洁生产实践

海南省作为我国成立时间最短的一个省份，在推行清洁生产和保护环境中成就显著，2010 年全省环境空气质量总体保持优良，所有监测城镇的环境空气质量均达到或优于国家二级标准，其中 94.8%的监测日符合国家一级标准。环境空气中主要污染物二氧化硫、二氧化氮浓度符合国家环境空气质量一级标准。全省 82.8%的监测河段和 94.4%的监测湖库水质达到或优于地表水国家Ⅲ类标准，18 个市县的 24 个城市（镇）集中式生活饮用水、地表水源的水质绝大多数达到或优于国家地表水Ⅲ类标准。海南岛近岸海域水质总体优良，一、二类海水占 88.9%。

在我国当前大气污染压力巨大，发展清洁产业迫在眉睫的关头，海南在清洁生产上的成功主要有以下特点。

第一，制定清洁产业发展规划。海南的清洁生产成就的取得不是一日之功，而是长期坚持不懈走清洁生产发展道路的必然结果，不让肮脏产业进入海南，确保了经济和生态的可持续发展。为了满足海南当地群众过上美好生活的愿望，海南省委和政府结合海南的特征，提出以无烟产业——旅游业为主导的产业发展规划，直接推进清洁生产。改革开放后海南在产业发展上有过多次调整经历，但效果都不明显，直到后来选择旅游业作为主导产业，特别是 2010 年国家确定海南建设国际旅游岛的发展战略以后，海南才走上清洁生产与环境保护的可持续发展道路。海南按照中央的部署，明确发展思路：积极发展服务型经济、开放型经济、生态型经济，形成以旅游业为龙头、现代服务业为主导的特色经济结构；着力提高旅游业发展质量，打造具有海南特色、达到国际先进水平的旅游产业体系，把海南建设成为开放之岛、绿色之岛、文明之岛、和谐之岛①。为了保证环境能实现可持续，海南在明确旅游业为主导的同时，对岛内产业做了明确的规划，形成清洁产业驱动发展模式，依据清洁生产的需要将整个海南划分为临港经济区、城镇生活区、旅游休闲区、生态保护区、农业和渔业区和其他区，明确提出肮脏产业不上海南岛，形成旅游驱动的清洁产业发展机制。

第二，持续推动清洁产业发展。海南严格落实《中华人民共和国清洁生产促进法》，重视清洁生产在建设资源节约型、环境友好型社会中的重要作用，认真推动海南的清洁生产发展。具体做法体现在以下几个方面：制订清洁生产推行计划，形成《海南省节能减排综合性工作方案》，提出在油气化工、制糖、橡胶、建材、造纸、农副产品加工等行业中推行清洁生产，选择一批企业参与创建清洁生产企业活动，制订清洁生产推行计划②。开展清洁生产审核，通过"以奖代补"的手段推动企业自觉推进清洁生产，使企业清洁生产行为有利可图，形成利益驱动的清洁生产发展机制；开发推广清洁生产技术，并积极鼓励以清洁生产为主要特征高新技术产业发展，利用海南生态软件园项目吸引大批高新技术企业，2010 年海南生态软件园的入园企业达 143 家，英利集团、汉能集团计划从 2010 年到 2015 年总投资 285 亿元、2 000 兆瓦的太阳能电池项目落户海南，建成后将形成全球最大光伏产业基地。三亚创意产业园 16 个项目签约，灵狮海南国际创意港引入 56 家国内外设计企业及机构，惠普公司已在海南建设四大新兴研发和人才培训基地，一条完整清晰的清洁产业链正在形成。借助海南省环境科学研究院、循环经济研究会等研究机构和行业协会充分发挥技术、人才的优势，开展了清洁生产咨询服务工作，为清洁生产审核、方案实施、后评估等提供了技术支撑和服务。因此，海南经济发展虽然起步晚，底子差，但方向对，步子稳，旅游业的巨大发展使海南成为雾霾笼罩下中国难得的一片净土，成为清洁生产在中国的一面旗帜。

---

① 海南国际旅游岛建设发展规划纲要（2010—2020）．http://www.dowater.com/info/2012-03-22/78661.html.

② 海南省人民政府关于印发海南省节能减排综合性工作方案的通知．http://www.hainan.gov.cn/data/news/2007/08/37040/.

第三，重视清洁生产保障机制的建设。海南清洁生产的落实与海南重视清洁生产保障机制有关，整个海南完善环境管理制度，落实环境目标责任制强化节能减排目标责任制，建立重点河流市县跨界断面水质控制和考核机制，健全重大环境事件和污染事件责任追究制度，改变长期存在的事后处理做法，建立事先防范和事中检查，使肮脏生产模式无处立足。完善党委领导、政府负责、环保部门统一监管、有关部门协调配合、全社会共同参与的环境管理机制和统一监督管理下的责任分工考核体制，避免工作中不同部门相互推诿影响工作效率的做法；修订《海南省环境保护条例》，借助环境立法保护环境发展清洁生产，并形成法律面前人人平等的格局；全方位、多渠道增加环保投入强化政府环保投入的主体地位，构建环保支出与财政收入增长的联动机制，统筹全省各项财政收入，保障清洁生产发展的足够资金支持，避免出现政府依靠会议和口头落实清洁生产的尴尬局面，树立政府在清洁生产机制形成中的公信力；充分发挥环境科技对环保工作的引领、支撑和保障作用，加强省内环境科研机构能力建设，提高重大基础环境问题、实用环保技术及环境经济政策的研究能力。

海南的清洁生产发展最大的特点是从区域主导产业的确立上入手，通过建立有效的清洁产业成长机制和保障机制，克服眼前短期利益的诱惑而追求长远效益，效果是良好的，也是值得很多地区在制定区域产业发展政策时学习的。

三、区域联治：河北的清洁生产实践

2013年《中国环境状况公报》公布的中国环境污染最严重的十个城市有三个在河北，"雾霾压城"成为河北众多城市头疼的大事，大气污染造成的雾霾成为压在人们心头的一团阴云挥之不去。2013年河北治理大气污染耗费1 300多亿元，对于这个GDP颇大但人口颇多的省份来说并不轻松，考虑到大气污染的流动性、影响长久性、污染源移动性。河北加紧推进清洁生产，并和周边北京、天津合作，借助区域联治推动清洁生产，为我国区域清洁生产机制的形成提供了一定的经验。

河北区域联治推动清洁生产的具体做法包括以下几点。

第一，携手合作，联防联控。大气污染区域联防联控需要各地放弃自身利益，从长远可持续发展和满足人民群众愿望着眼，只有开展区域合作，联防联控，才能有效应对大气污染，尤其是需要各地摒弃自身利益。将辖区范围内的肮脏生产企业转移了之，或为了本地利益，对辖区范围内的肮脏生产企业听之任之，都会造成污染排放的外部效应。因此，京津冀三地除了加大力度做好自己"一亩三分地"的减污治污工作外，还必须将视野放到京津冀作为"空气质量命运共同体"的广度上，深入开展空气治理的联防联控。2013年9月，北京、天津、河北、山西、内蒙古、山东6个地区市级环保部等有关部委，共同建立了京

津冀及周边地区大气污染防治协作机制。协调解决区域突出环境问题，组织实施环评会商、联合执法、信息共享、预警应急等大气污染防治措施，通报区域大气污染防治工作进展，研究确定阶段性工作要求、工作重点和主要任务。各有关部门密切配合、协调力量、统一行动，形成大气污染防治的强大合力。环境保护部要加强指导、协调和监督。改变以往治理大气污染时的"自扫门前雪，不管他人瓦上霜"的做法，真正形成同呼吸共命运机制，不能将大气污染治理看做其他地区的责任，真正建立命运共同体，形成人人有责的机制，打破区域行政区划的藩篱，建立起联防联控的体制机制。因此，区域联治推动清洁生产的形成，能有效地防范肮脏生产的流动性，避免肮脏生产在区域范围内流动，形成肮脏生产无处藏身的现实。

第二，区域协作，注重长效。污染是一个长期积累的过程，治理污染不能急功近利，要从源头抓起，对症下药，但不能期望毕其功于一役，因此要从产业结构布局上入手。大气污染尤其是河北的大气污染加重，使河北政府认识到加强区域协同的重要性，不仅要推动京津冀大气污染治理，还要在产业结构上进行协同。要以联手治理大气为契机，形成倒逼机制，大力推动京津冀区域经济一体化，统筹规划产业布局和功能定位，统筹区域环境容量，统筹科技资源配置，健全利益决策和协调机制，建立资源补偿和生态补偿机制，形成淘汰落后产能、节能减排的有效激励机制，使京津冀实现绿色高效发展，特别是河北利用大气污染治理对产业结构进行调整。只有三地经济紧密协作，才能改变以往联防联控效果不彰的不足，尤其是以往北京在大气污染治理中往往将污染源企业向河北等省份外迁了事，殊不知大气流动性导致污染源迁移并不能带来区域污染的根本治理，不仅要重视本地污染源的治理，还要注重区域内污染源的协同治理，北京应利用自身科技优势协作河北提升产业结构和技术水平，只有消除河北污染源，北京的大气污染治理才能成功，技术进步和产业结构升级是长效机制形成的根本。

第三，壮士断腕，用于担当。区域联防联控，三地政府以壮士断腕的勇气淘汰本地落后产能和高污染高能耗的企业，牺牲本地 GDP 赢得区域一片天。河北将对火电、钢铁、石化、水泥、有色、化工六大行业实施大气污染物特别排放限值，落实更加严格的要求，砍掉 1/3 的钢铁产能，这对处于发展阶段的河北来说，需要巨大的勇气来承担 GDP 的损失，但从治理大气污染的需要出发，牺牲短期利益却换来长远发展。考虑到河北为北京提供了大量电力、水泥和钢材，并自我关停部分高污染的企业，为北京和天津的大气治理承担成本，北京和天津等地应当给予河北适当的生态环境补偿，帮助河北推动产业转型和产业结构升级，否则一损俱损。改变以往大气污染治理中成本由治理者承担，收益由大家共享的不合理利益格局，只有改变大气环境的公共物品属性，大气污染才能得以有效治理。

第四，重视立法，形成硬约束。利用国家层面的立法对区域的大气污染治理形成硬约束。在《国务院关于印发大气污染防治行动计划的通知》（国发〔2013〕37 号）的硬性约束下，经过五年的努力，京津冀空气总体质量改善，重污染天气大幅度减少，细颗粒物浓度分别下降 25% 左右、20% 左右、15% 左右，其中北京细颗粒物年均浓度控制在 60 微克/立方米左右。国务院与各省（区、市）人民政府签订了大气污染防治目标责任书，将目标任务分解落实到地方人民政府和企业。将重点区域的细颗粒物指标、非重点地区的可吸入颗粒物指标作为经济社会发展的约束性指标，构建以环境质量改善为核心的目标责任考核体系。明确地方政府的统领责任，各级政府根据国家的总体部署及控制目标，制定本地区的实施细则，确定工作重点任务和年度控制指标，完善政策措施，并向社会公开；不断加大监管力度，确保任务明确、项目清晰、资金保障。企业是大气污染治理的责任主体，要按照环保规范要求，加强内部管理，增加资金投入，采用先进的生产工艺和治理技术，确保达标排放，甚至达到"零排放"；要自觉履行环境保护的社会责任，接受社会监督。

河北的探索说明清洁生产机制的形成不能单打独斗，要联合作战，重视区域效应。改变对发展清洁生产的观望和等待，重视大气污染治理与产业结构调整和产业升级的有机结合，形成大气物理治理的长效机制，确保蓝天白云永驻。区域联防联控的治理要注重区域发展利益的协调与均衡，使清洁生产成本和收益得以合理分摊，避免责任的推诿和成本负担的不均。

第五节　国内外清洁生产的借鉴与启示

国内外清洁生产取得的一些积极进展，以及形成的有益经验值得武汉学习，只有借鉴国内外成功做法，并结合区域特点才能形成武汉的清洁生产模式。

一、国内外推行清洁生产成功经验

推行清洁生产是一项艰巨的任务，需要结合地域的产业结构、地域特征和污染来源制定具有针对性的治理规划，并结合经济发展水平，运用适当的政策和市场调节来制定合理的发展规划，并通过利益机制来巩固并形成长效机制，实现治理污染和发展清洁生产相互结合的标本兼治的方法。国内外成功推进清洁生产的经验主要包括以下几点。

第一，制定统一的大气控制质量标准，并以达标为核心制定大气污染治理规划，结合清洁生产的发展制定国家或地区清洁生产行动路线图。美国、英国等发达国家治理大气污染都有严格的标准，美国洛杉矶也有地区控制质量要求，中国当前也以制定的《环境空气质量标准》（GB 3095—2012）为标准。大气污染检测的指标要科学，要随着经济社会的发展不断科学地设置检测指标，提高监测数据统计的有效性要求。在国家环保和生产监管部门的组织领导下，制定具体的行动规划，以空气质量改善为核心，针对大气污染地区现状，提出明确的目标要求，针对大气的主要污染来源，二氧化硫、氮氧化合物和烟尘明确的数量限制，形成清洁生产的外部压力。在制定大气污染治理标准时，要有一定的要求不能要求过低，否则对清洁生产起不到促进作用，也不能标准过高，否则容易导致信心不足而自我放弃。

第二，大气污染治理方案具有针对性，要依据污染源进行治理，并与清洁生产结合，结合地方特点制定差别化的行动方案。一是严格控制高污染高耗能项目建设。重点区域禁止新、改、扩建除"上大压小"和热电联产以外的燃煤电厂。二是实施特别排放限值。涉及重点控制火电、钢铁、石化、水泥、有色、化工六大重污染行业及燃煤工业锅炉。三是实行新源污染物排放倍量削减替代。要求把污染物排放总量作为环评审批的前置条件，实行区域内现役源污染物排放倍量削减替代，实现增产减污。四是结合能源消耗特点和污染源的产生，推行煤炭消费总量控制试点，要求重点区域根据国家能源消费总量控制目标。五是强化多种污染物、多种污染源协同治理。六是开展城市达标管理。环境空气质量标准的实施导致众多城市长期面临空气质量超标的局面，因此亟须开展城市空气质量达标管理工作。对于不达标的城市，制定限期达标规划，采取更加严格的污染治理措施，按期实现达标，逐步改善重点区域空气质量。

第三，创新大气治理体制机制，形成大气治理的合力。由于大气具有流动性，依靠单个城市各自为政的控制管理方式已不能适应区域空气质量管理的要求，需要打破行政区划限制，统筹协调不同的利益主体，包括不同行政区及不同部门，建立以区域为单元的一体化控制模式。其一，建立起统一的区域大气污染联防联控协调工作机制，充分认识到大气污染治理联合联动的必要性，尤其是重视区域性的大气污染联席会议制度，对区域内的大气污染治理进行统一协调安排。其二，考虑到大气污染具有流动性，加强区域大气环境联合执法监管至关重要，发挥区域大气联合执法在区域环境保护过程中的督察职能，通过对区域内大气污染进行统一治理和监管执法，不给大气污染留下治理死角。其三，建立重大项目环境影响评价会商机制，任何重大项目的新建首先要进行环境评估，并广泛征求公众和相邻城市意见，避免决策的盲目性。其四，建立环境信息共享机制，对区域内的大气污染进行信息共享，确保联防联治落到实处，并形成区域大气污染预警应急机制，开展区域大气环境质量预报。因此，一体化的区域性联防联治不仅能有效地治理大气污染，还能优化区域清洁生产环境。

第四，加强大气污染监控和清洁生产发展能力建设。监测能力的薄弱不仅约束了大气污染治理能力的建设，也不利于区域之间大气环境治理效果的比较，影响了大气污染治理绩效的考评，影响了地方政府大气治理的积极性和主动性。要加强大气污染治理能力建设，加强全国和区域性的大气污染监测能力和清洁生产发展能力建设，便于摸清大气污染的现实情况。在大气治理能力建设的基础上，结合区域性的清洁生产发展能力建设，形成可比较的清洁生产发展能力。

第五，加强大气污染治理和清洁生产发展的政策和法规建设。加强组织领导，明确区域大气污染防治和清洁生产发展规划实施的责任主体，制订本地区大气污染防治实施方案。考虑到清洁生产主体更多的是企业，因此要加大利用市场调节手段来引导清洁生产的发展，借助区域性二氧化碳排放市场的建立，改变大气环境的公共用地悲剧，加大清洁生产发展的市场调节力度。此外，还应该加强的环保教育，明确环境保护人人有责，把发展清洁生产变成一种自觉自愿的行为，从而实现绿色增长。

大气污染治理是一项系统性工程，需要社会各方面共同努力才能达到治理的目标，只有结合我国的国情，制订具有针对性的治理方案，才能最终实现治理的目标。

二、国内外推行清洁生产的启示

国内外推进清洁生产给武汉发展清洁生产带来诸多启示，具体包括以下几点。

第一，坚定信念。建立治理大气污染发展清洁生产必胜的信心，树立打持久战和攻坚战的信念。大气污染治理刻不容缓，改革开放 30 多年的快速发展实现了发达国家 200 多年才能实现的发展目标，发达国家上百年间逐步出现的资源环境矛盾，在我国短期内出现，并形成巨大的环境压力。要坚定治理大气污染必胜的信心和信念，相信我们在取得巨大经济发展成就的同时，也一定能取得治理大气污染的成就。国内外经验表明，大气污染可治可控，并能与清洁生产相得益彰。例如，美国通过实施清洁空气法、一系列减排计划、调整产业结构和能源结构、提高排放标准等措施，1980～2010 年其国内生产总值增加 127%，大气污染物排放量下降 67%，PM 2.5 浓度大幅降低，环境空气质量显著改善。但是，美国治理大气污染也经历了较长时间，时至今日洛杉矶等地区还在为空气质量达标而努力，说明大气污染治理的艰巨性和长期性。武汉的情况更加复杂、任务更加艰巨，大气污染是长期积累形成的问题，解决起来需要一个过程，不积跬步无以至千里，只有走好每一步才能取得最终成功。只要充分认识到改善大气环境质量的艰巨性、复杂性和长期性，做好打持久战的思想准备，武汉的大气污染治理和清洁生产就一定能取得成功，也能积累与其发展地位相适应的经验。

第二，寻找武汉大气污染问题产生的根本所在，对症下药，发展清洁生产。

大气污染与经济发展方式、产业结构和能源结构密切相关，脱离武汉当前的经济发展方式来简单寻求解决问题的方法和思路，都是治标不治本的做法，既不能巩固大气污染治理的成效，也不能形成蓝天白云永驻的长效机制。针对武汉市高消耗、高污染、低产出、低效益的粗放工业模式和产业结构重型化特征，需要降低单位产品的污染物排放。因此，解决大气污染问题，要在转变经济发展方式上下功夫，使武汉经济发展告别粗放的发展模式，将科技创新和内生驱动发展清洁生产落到实处。一方面，调整优化产业结构，严控高耗能高污染行业新增产能、加快淘汰落后产能、清理整顿违规产能、积极化解过剩产能，减少生产过程中的大气污染问题；另一方面，加快调整能源结构，发展清洁生产减少能源使用过程中的大气污染问题，从源头上治理大气污染。

第三，注重制度创新，建立起大气污染防治与清洁生产推进的长效机制。当前武汉的大气污染和清洁生产滞后问题的产生，与大气环境长期作为公共物品的认识有关，公共用地悲剧的发生使大气污染的治理难度加大，出现污染者和治理者收益激励不明显的问题，要改变武汉当前的这一被动局面，需要围绕大气污染的治理建立起有效的激励约束机制，让保护者的收益获得补偿，污染者多付出代价，维护环境保护的公平正义，调动全社会保护环境积极性、主动性和创造性。同时要充分发挥市场机制的作用，发挥市场的引导功能，围绕废气的排放建立起环境交易制度，对能效、排污强度达到"领跑者"标准的先进企业给予鼓励，严格限制环境违法企业贷款和上市融资，引导银行加大对大气污染防治项目的信贷支持。

第四，明确责任主体，落实行动。鉴于大气的流动性，必须考虑大气污染的跨地域和跨行政区划的特征，在大气污染治理中，必须明确治理的责任主体，形成政府统领、企业施治、公众参与的合力。各级政府对辖区内大气环境质量负总责，完善相关政策措施，确保任务到位、项目到位、资金到位。企业是大气污染治理的责任主体，要采用先进的生产工艺和治理技术，主动公开污染物排放状况、治理设施运行情况等环境信息，自觉履行责任，接受社会监督。环境保护最终还要落实到每个人的行为，组织开展大气污染防治宣传教育，普及大气污染防治知识，引导公众合理适度消费和绿色低碳消费，鼓励购买能效标识产品和环境标志产品，倡导绿色出行，从点滴做起、从小事做起，通过各种方式为改善环境空气质量努力。

只有在全社会范围内形成大气治理的共识，凝聚社会各种力量，才能推动大气污染治理工作的展开，才能真正将清洁生产落到实处；只有全社会意识到大家同呼吸，才能在大气污染治理上共命运；只有大家共同努力发展清洁生产，才能共同拥有蓝天白云。

第六章

武汉市清洁生产技术推进和应用对策

2013年中共中央总书记习近平视察武汉，明确提出"努力把湖北建设成为中部地区崛起的重要战略支点，在转变经济发展方式上走在全国前列"的奋斗目标；2012年召开的中共湖北省第十次党代会提出"五个湖北"的奋斗目标，提出要加强生态建设和环境保护，提升生态文明，牢固树立人与自然和谐共生的生态文明理念；2011年中共武汉市第十二次党代会明确提出了"建设国家中心城市，复兴大武汉"的奋斗目标，不仅要发扬"敢为人先"的创新精神，还要树立"追求卓越"现代发展精神，并提出在2049年将武汉建设成世界城市；武汉作为湖北的省会、国家中西部地区第一大城市、中部区域中心城市、全国综合交通枢纽试点城市、国家教育科技中心、经济地理中心，以及内陆地区的经济、金融、商业、贸易、物流、文化中心，其推行清洁的生产的意义不仅在于保护环境建设两型社会，更重要是在国家发展战略中承担使命。因此，武汉科学有序地推进清洁生产，关键要结合武汉的历史责任和发展现状稳步推进。

第一节 清洁生产发展依据、指导思想和目标

武汉推进清洁生产是当前国家总体发展战略的要求，是社会主义经济发展的必然结果，是中国共产党执政为民的体现，不是心血来潮、一时冲动，而是谋求长远发展的重大科学举措。

一、发展的依据

武汉推进清洁生产，是中国当前发展转型升级的缩影，是长期发展经验积累的必然结果，也是中国共产党全心全意为人民服务宗旨的体现。要把握好武汉发展清洁生产的时代必要性和必然性，从更高的角度认识武汉发展清洁生产的科学性。中国共产党长期重视生态文明建设，结合具体国情形成了具有中国特色的清洁生产发展的理论框架，随着我国经济发展实力的增强和民众环保意识的增强，清洁生产正在逐步深入开展。武汉清洁生产的实践，也受我国对清洁生产认识的影响。

第一，清洁生产思想理论框架初建。改革开放初期，中国共产党在制定以经济建设为中心的政治路线的同时，将环境保护确立为基本国策，强调人口、资源、环境对经济发展的影响。党和政府的重视，使环境保护与生态文明建设初步形成一套体系，通过《中华人民共和国宪法》明确国家保护自然资源的合理利用，禁止任何组织和个人利用任何手段侵占或破坏自然资源，在这一思想的主导下，一系列环境保护法律出台，包括《中华人民共和国环境保护法（试行）》（1979年）、《中华人民共和国海洋环境保护法》（1982年）、《中华人民共和国森林法》（1984年）、《中华人民共和国水污染防治法》（1984年）、《中华人民共和国草原法》（1985年）、《中华人民共和国渔业法》（1986年）、《中华人民共和国矿产资源法》（1986年）、《中华人民共和国大气污染防治法》（1987年）、《中华人民共和国水法》（1988年）、《中华人民共和国水土保持法》（1991年）等，奠定了生态文明建设的法律基础。由于当时发展任务迫切和技术基础薄弱，在解决温饱的大前提下，对环境保护和生态文明的建设更多只能体现为一种无法付诸实践的理念和构想。但通过长期的努力，我国形成了清洁生产和生态文明建设的基本原则和思路，确认了环境保护是我国的一项基本国策，确立以预防为主的环境治理思路，确认谁污染谁治理的责任落实体制，明确"要加强环境保护的宣传教育，提高全民族的环境意识，特别要提高各级领导的环境意识"（国家环境保护总局和中共中央文献研究室，2001）。而在同一时期，武汉作为我国重要工业城市，在清洁生产上更多地体现为围绕相关的重化工产业发展进行，并初步积累清洁生产的相关技术。

第二，清洁生产理论依据的深化。1992～2002年，随着我国可持续发展战略的确立，在继续加强保护环境的同时，努力协调经济发展与人口、资源、环境的关系，强调在自然界涵容能力和更新能力允许的范围内，实现经济社会持续发展。1992年的联合国环境与发展大会，提出了人类社会应该走可持续发展道路。中国接受这一科学理念并加以发挥，1995年江泽民指出："在现代化建设中，必须把实现可持续发展作为一个重大战略。"（江泽民，2006）党的十六大提出我国经济社会发展的目标是"可持续发展能力不断增强，生态环境得到改善，资源利用效率显著提高，促进人与自然和谐，推动整个社会走上生产发展，生活富裕、生态良好的文明发展道路"。要推进生态文明建设，不仅要依靠人的意识提高，更重要的是建立推动清洁生产发展的机制，1994 年，《中国二十一世纪议程》提出，要建立基于市场机制与政府宏观调控相结合的资源管理体系，第四届全国环境保护大会提出，要从宏观管理入手，建立环境和发展综合决策机制，从源头上防治环境污染和生态破坏。在中国加入世界贸易组织（WTO）后，为了确保我国经济社会的持续发展，在资源的开发和利用上，强调必须充分利用国内国际两种资源、两个市场，同时也要注意防止国外有些人把污染严重的项目甚至"洋垃圾"往中国转移。在明确生态文明和可持续发展基础上，确认了要借助市场机制和国家宏观调控机制来落实，借助清洁生产的推进实现可持续发展，对清洁生产认识进一步加深。在这一阶段，武汉主要结合可持续发展理念对市民进行教育，奠定了民众保护环境、爱护环境的思想基础，为清洁生产的深入推动奠定了基础。

第三，清洁生产理论的落实。2004 年，胡锦涛在中央人口资源环境工作座谈会上指出：可持续发展，就是要促进人与自然的和谐，实现经济发展和人口、资源、环境相协调。2004 年 10 月，党的十六届四中全会指出，以解决危害群众健康和影响可持续发展的环境问题为重点，加快建设资源节约型、环境友好型社会。2005 年 10 月，党的十六届五中全会将建设资源节约型和环境友好型社会确定为国民经济社会发展中长期规划的一项战略任务。党的十七大明确提出"建设生态文明"，并第一次把建设生态文明作为实现全面建设小康社会奋斗目标的新要求。党的十七届四中全会进一步把生态文明建设提升到与经济建设、政治建设、文化建设、社会建设并列的战略高度，作为中国特色社会主义伟大事业总体布局的有机组成部分。党的十七届五中全会强调，要提高生态文明水平，增强可持续发展能力。党的十八大明确指出："建设社会主义市场经济、社会主义民主政治、社会主义先进文化、社会主义和谐社会、社会主义生态文明，促进人的全面发展，逐步实现全体人民共同富裕，建设富强民主文明和谐的社会主义现代化国家。"党的十八届三中全会明确提出，加快自然资源及其产品价格改革，全面反映市场供求、资源稀缺程度、生态环境损害成本和修复效益。坚持使用资源付费和谁污染环境、谁破坏生态谁付费原则，逐步将资源税扩展到占用各种自然生态空间。稳定和扩大退耕还林、退牧还草范围，调整严重污染和地下水严重超采区耕地用途，有序实现耕地、河湖休养生息。建立有效调节工业用地和居住用地合理比价机制，提高工业用地价格。坚持谁受益、谁补偿原则，完善对重点生态功能区的生态补偿机制，推动地区间建立横向生态补偿制度。发展环保市场，推行节能、碳排放权、排污权、水权交易制度，建立吸引社会资本投入生态环境保护的市场化机制，推行环境污染第三方治理。当前武汉正围绕清洁生产推进产业结构的调整，并积极建设区域碳排放交易市场，政府正在使用多种手段培育清洁生产技术企业，宣传清洁生产理念。

因此，发展清洁生产是共产党人执政思想不断进步的反映，是符合中国当前现实的必然选择。武汉清洁生产的思想是中国共产党生态文明和可持续发展理念的不断进步，需要结合社会进步不断向前推进，随着我国对于环境保护的认识水平的提升，民众环保意识的加强，武汉的清洁生产思想也要与时俱进。

二、发展的指导思想

武汉清洁生产发展的指导思想要围绕党和国家赋予湖北的历史重任展开，要服务于国家中部崛起大战略的实施，服务于湖北中部崛起战略的实施。

第一，武汉发展清洁生产的指导思想是承载国家使命，服务于民族复兴与中部崛起。2005 年 8 月，胡锦涛总书记在视察湖北武汉时，站在全国大局的高度，明确要求湖北成为促进中部地区崛起的重要战略支点，为了承载历史使命，湖北省确立"两圈一带"的发展战略，推动武汉城市圈和鄂西生态旅游圈，推进经济发展和生态保护。2011 年 6 月，胡锦涛总书记再次视察湖北武汉，要求加快构建促进中部地区崛起的重要战略支点，同年 7 月中共湖北省委九届十次全会提出，要把构建促进中部地区崛起重要战略支点作为全省经济社会发展的总目标、总任务，以战略支点的构建为旗帜，统领湖北经济社会发展，确立和实施覆盖全省、统筹集成的一元多层次战略体系。2013 年中共中央总书记习近平视察武汉，提出"努力把湖北建设成为中部地区崛起的重要战略支点，在转变经济发展方式上走在全国前列。"国家对湖北的要求不断提高，建设中部崛起的战略支点不仅在于经济规模的扩大和在国内影响力的上升，还在于经济发展方式更好，能将经济发展与可持续发展结合起来，能将经济发展与环境保护结合起来，能将物质文明与生态文明结合起来，通过建设生态文明的两型社会，借助武汉清洁生产的落实达到国家转变生产方式的目标。

第二，武汉发展清洁生产的指导思想是服务湖北的跨越发展和五个湖北建设。武汉的清洁生产要与湖北的发展战略结合，服务湖北当前的跨越式发展，借助五个湖北的建设，大力推进生态文明建设，服务当前湖北"一元多层"的发展战略。湖北要真正承担"建成支点，走在前列"的任务，关键在于以转型升级和创新驱动为基本路径和根本抓手，以让人民群众过上幸福美好生活为根本追求，力争在推进发展和产业结构调整上取得新突破，在生态文明建设上取得新成效，使湖北生态环境指标在中部领先，形成与重要战略支点相适应的清洁产业发展实力和带动功能。湖北要完成建成支点、走在前列的历史使命，发展是硬道理，湖北的发展需要提高质量效益，需要节能环保的 GDP，需要为人民谋利益的 GDP，因此，武汉的清洁生产要遵循绿色发展思路，遵循"市场决定取舍、绿色决定生死、民生决定目的"的发展纲要。市场决定取舍，就是要让市场发力，发理念之力、体制之力、机制之力、动力之力；绿色决定生死，就是要像对贫困宣战一样向污染宣战，让转方式、调结构、促升级成为坚定而自觉的行动；民生决定目的，就是要把增进民生福祉、促进社会公平，作为一切工作的出发点和落脚点。兼顾好发展质量和效益，在眼前利益与长远利益上做正确的选择，环境是资源，生态是资本，通过硬措施推动清洁生产和绿色发展。武汉的清洁生产，要牢固树立人与自然和谐共生的生态文明理念，加快建设"两型"社会，以让人民群众喝上洁净水、呼吸清新空气、享受优美环境为目标，树立绿色消费理念，在全社会形成节约环保的良好氛围。健全符合生态文明要求的法规体系，让"千湖之省"蓝天常驻、青山常在、碧水常流，让人民群众能够享受"春城无处不飞花"的城市生活和"万家烟树满晴川"的田园生活。

第三，武汉发展清洁生产的指导思想是契合武汉市"建设国家中心城市，复兴大武汉"的使命。清洁生产要与武汉建设国家中心城市结合，体现"敢为人先、追求卓越"的武汉精神。武汉建设国家中心城市，复兴大武汉的目标是以建设幸福武汉为出发点和落脚点，以建设生态宜居武汉、文明武汉为支撑，将武汉建设成为立足中部、面向全国、走向世界的国家中心城市，实现大武汉新的伟大复兴。要建设国家中心城市，敢于突破前人未曾涉足的"盲区"、有碍武汉发展的"禁区"、矛盾错综复杂的"难区"，特别是在当前资源环境制约环境下，突破性发展清洁生产成为必然选择，将武汉清洁生产发展与"敢为人先，追求卓越"的城市精神结合，要勇于突破发展清洁生产的各种制约，丰富武汉建设国家中心城市的内涵。武汉清洁生产要与两型社会建设结合，创新体制机制，倡导资源节约、环境友好的生产方式和消费模式，推进合同能源管理，全面完成节能减排的目标任务。积极发展低碳经济，加快建立与武汉经济发展水平、资源环境承载能力相适应的绿色发展模式。率先走出一条有别于传统模式的工业化、城市化发展道路，为推动全国体制改革、实现科学发展与社会和谐发挥示范和带头作用。

三、发展的目标

武汉清洁生产的发展目标要与经济发展水平相适应，以完成武汉环境保护规划确定的目标为基础稳步推进。武汉清洁生产发展的目标分为近期目标和远期目标。

近期目标。根据《武汉市环境保护"十二五"规划》确立的目标，到2015年，武汉化学需氧量、氨氮、二氧化硫、氮氧化物等主要污染物排放总量得到有效控制，城乡生活污染和工业污染得到基本解决，环境安全得到有效保障，饮用水水源不安全因素基本消除，重要水体环境质量逐步改善，主要河流、湖库水质达到相应环境功能区划的要求,城镇集中式饮用水水源地水质稳定达标;城市环境空气质量逐步好转,空气质量优良天数不低于 310 天,城市声环境质量满足国家有关标准,固体废物得到合理处置,环境保护投入占 GDP 的比重大于 2.5%。努力创建环境保护模范城市。与环保规划相适应,武汉市的清洁生产近期目标应该是围绕废气、废水、废物的排放进行行之有效的去污处理,减少肮脏生产对环境的破坏,突破发展清洁生产技术,稳步提高环境保护水平。重视武汉重点行业主要是钢铁冶炼、火力发电、污水处理的技术水平,结合国家两型社会的建设,在清洁生产技术某些重点领域形成突破,探索清洁生产行业自我发展、自我强化的道路,解决当前制约武汉清洁生产的问题。

远期目标。根据《武汉市环境保护"十二五"规划》确定的远期环境保护目标,到 2020 年武汉的主要污染物排放总量得到全面控制,区域环境质量得到有效改善;防灾减灾能力得到全面提高,自然资源得到有效保护,群众生态文明意识显著增强,绿色健康的生产生活方式基本确立;城市生态系统实现良性循环,人居环境得到较大改善,努力将武汉建设成环境优美、生态良好、人与自然和谐相处的"生态宜居型城市"。因此,从远期来看,武汉清洁生产的发展水平要与武汉建设国家中心城市,湖北建设中部崛起重要战略支点走在经济发展方式转型前列相适应,把武汉建设成清洁生产技术创新中心、清洁产业发展促进中心,把清洁产业建设成武汉支柱产业,探索一条在中国具有普适性的发展道路。

因此,武汉清洁生产发展的目标要现实,就要结合武汉的经济发展水平和清洁生产基础,制定详细可行的现实路线图,一步一个脚印向前推进。

第二节　发展原则、发展方法与发展路径

在确定发展目标后,要为清洁生产发展确定发展原则,形成具有武汉特色的发展模式,形成独特的发展路径,实现发展目标。要从清洁生产技术产业成长的规律入手确定其发展原则,结合武汉清洁生产技术行业现状提出具有针对性的发展方法,结合国家深化经济体制改革的整体思路确定发展路径,从未来着手培育具有竞争力的新兴支柱产业,使武汉清洁产业不仅能在湖北和中部地区具有竞争力,还要走出中部,乃至走出中国面向世界,把武汉建设成清洁生产技术研发和产业化的中心。

一、发展原则

清洁生产发展要结合自身目标需要,确定科学的原则,武汉的清洁生产要突出以下几大原则。

第一，民生为本的原则。以人为本，环保惠民，坚持环保为民、利民、惠民，努力创造良好的工作和生活环境。从公众对环境的基本需求出发，以公众参与为重要手段，着力解决与民生相关的突出环境问题，改善环境质量，提升环境公共服务均等化水平。坚持以人为本，将喝上干净的水、呼吸清洁的空气、吃上放心的食物等民生问题摆到更加突出的战略位置，切实维护公众的环境权益。加强生态环境监管，以生态环境承载力为基础，规范各类资源开发和经济社会活动，防止造成新的人为生态破坏和生物安全问题。同时，要坚持治理与保护、建设与管理并重，使各项生态环境保护措施与建设工程长期发挥作用。特别是要把武汉发展清洁生产与武汉建设宜居城市结合，突出清洁生产对于武汉建设区域创新中心的重要作用，把清洁生产发展的经济价值和社会价值结合，突出清洁生产的惠民性与经济性，并利用清洁生产产业布局与武汉城区布局规划改善结合，形成清洁产业的发展与民生效果相得益彰。

第二，规划先行的原则。坚持规划引导、政策扶持，促进产业结构在较高层次上加快转型，优化产业布局，统筹城乡发展。坚持源头预防，将环境保护作为经济结构升级与战略调整的重要抓手，推动低碳转型，推行清洁生产，促进经济、社会、环境协调可持续发展。加强武汉清洁生产与《国民经济和社会发展"十二五"规划》《全国主体功能区规划》等国家重大发展战略、重大规划相衔接，统筹考虑近期和远期、城市和乡村生态保护需要，突出抓好城市生态环境建设、管理、评估等重点问题，尤其是把握好武汉建设国家中心城市，把武汉清洁生产与创新中心结合，与东湖建设国家自主创新示范区结合。要结合当前武汉清洁生产现有基础，坚持集中精力突破性地发展薄弱环节的原则，结合国家、湖北、武汉的环境保护"十二五"规划，提前谋划"十三五"规划，制定武汉清洁生产发展规划，确定清洁生产的重点与突破口，做到发展有目标，推进有路径。

第三，循序渐进的原则。从国内外清洁生产的发展经验来看，清洁生产体系的形成与发展是一个长期循序渐进的积累过程，发展过慢可能会丧失发展的机遇，发展过快又容易形成产业泡沫和产能过剩，导致产业发展的风险出现，既要考虑到当前湖北和武汉社会经济发展的现实需要，又要从长远来谋划未来的发展思路，既不能过于保守，又不能急躁冒进，在具体发展目标上要科学可行，并对目标实行滚动管理的模式，形成"走一步看三步"的格局，在发展思路上重视超前谋划，在产业落实上注重阶段到位，在产业成长上实现小步快跑，用不断取得胜利来鼓舞大家。特别是当前国内的清洁生产竞争激烈，武汉清洁生产存在短板和长板并存的局面，对于武汉的短板尤其是在农业清洁生产和噪声污染治理等方面的薄弱环节，要采取有针对性的措施力争快速做大做强，对于湖北有竞争优势的生物质能源方面，要加大对龙头企业的扶植形成带动，拉长产业链，积极抢占未来发展的高地，提高产品的市场占有率和产业竞争力，在武汉形成特色清洁产业集群。逐步形成人无我有，人有我特，人特我强的产业发展格局。

第四，积累创新的原则。武汉的清洁生产目前主要集中在节能环保技术方面，并在大气污染治理、生物质能源、循环经济发展方面有良好的积累，并在东湖高新区初步形成节能环保产业集群，并在国内具有一定的影响力和话语权。但从产业链的发展来看，武汉还需要在噪声污染治理、固体废弃物处理、污水治理、农业清洁生产方面有大的突破，这就需要武汉的清洁生产处理好积累与创新的关系。特别是针对薄弱环节大胆鼓励创新，积极引进领军人才和领军企业，通过体制机制创新为新兴产业的发展创造条件，同时也要积极鼓励原有环保企业勇于创新，大胆实行产业多元化，向新兴领域进军，借助原有技术和经验积累促进新的发展，为本地企业创造良好环境。

第五，学习借鉴原则。借鉴国内外推动清洁生产的成功经验，结合武汉实际，因地制宜地推动武汉的清洁生产发展。借助全球气候环保意识的勃兴，提升全民大气污染治理的自觉性，为清洁生产发展创造良好的外部环境。国外对于大气污染治理的重要性认识要早于国内，这一方面与中国的经济发展水平有关，另一方面也与国内的研究相对滞后有密切的关系。大气污染具有外部性，任何国家和地区都难在大气污染方面独善其身，加强与其他国家的联系，共同应对大气污染的威胁，成为所有国家的共同选择，这也为中国利用国外先进清洁生产技术来进行国内大气污染治理提供了契机，尤其是能从欧美等发达国家和地区引进先进技术来改善国内的生产创造条件，使中国的大气污染治理获得更多的技术来源。因此，利用武汉改革开放的新契机，学习借鉴国内外的成功模式推动清洁生产也很重要。

第六，扶植带动原则。强化环境保护的政府责任，围绕两型社会建设，综合运用经济、技术、法律、行政等手段，加快形成有利于环境保护的长效机制，构建政府、企业、社会共同行动和相互监督的环境保护新格局。强化政府责任，落实企业环境责任，鼓励全社会参与，加强环境信息公开和舆论监督，形成政府、企业、公众相互合作、共同行动的环境保护新格局。特别是针对清洁生产行业的中小企业发展困难，武汉应该联合湖北和国家相关主管部门设立专门服务于中小企业发展的专项基金，切实解决企业发展的现实困难。同时积极推动政府改革，建立服务型政府，为清洁生产企业的发展铺路搭桥，促进企业的快速成长。针对清洁生产行业的中小企业，在税收和相关管理费用征收方面给予一定的优惠，切实减轻企业发展的负担。

二、发展方法

武汉清洁生产的发展方法主要是补短板拉长板，拉长产业链，做大产业集群，因此武汉市清洁生产技术发展方法上应该注重夯基谋远，注重产业化的发展，形成围绕产业链部署创新链，围绕创新链完善金融链。特别是要考虑到武汉清洁生产技术产业的现状，从创新技术的供给、产业化的转化、市场的开拓和企业竞争力的提升来培育企业。要把清洁技术产业作为战略性新兴产业来进行培育，从培育未来支柱产业来进行定位。大力培育清洁生产技术专业人才，不断增加清洁生产技术市场主体，壮大清洁生产产业集群，提升清洁产业的影响力和竞争力。

结合武汉清洁生产的发展现状，其发展方向应该是产业化与技术积累同时推动，针对武汉清洁生产在生物质原料和大气污染治理方面的优势，进一步做大做强产业，并鼓励龙头企业如凯迪电力、中冶南方、虹梦科技、高农集团等一批在行业内具有影响的龙头企业，不断促进产业链的伸延，向产业链的上游和下游拓展，并把一批行业内的科技型中小企业整合到产业链，逐步形成具有影响力的产业集群，行业龙头企业发展的基础又为中小企业的成长创造相对稳定的环境。整合武汉目前清洁生产行业的整体力量，形成节能环保的产业联盟，在联盟内部形成信息共享，提升产业集群在国内的影响力。

对于清洁生产行业相对薄弱的环节，要集中精力培育新的市场主体，通过整合武汉地区的产学研力量，借助金融扶持和政府引导完善产业链的布局，针对产业链的缺失，采用引进与培养相结合的手段不断加强，形成依托产业链布置技术创新，解决创新技术的市场需求不足，围绕企业创新链完善金融服务链，发挥资本市场和政府引导资金的功能，促进创新科技型环保企业快速成长。

要进一步研究清洁生产行业成长的关键，不拘泥于传统认识和思维，借鉴外来经验创新发展环境，实现产业的突破性发展。特别是要结合我国当前深化经济体制改革的重要思想，发挥市场在资源配置中的决定性作用，提升政府管理能力的现代化水平。特别是要准确把握政府在清洁技术产业发展中的功能，善于科学定位，做到政府服务准确到位而不越位，政府服务企业成长有激情和热情，但不能干预市场功能的发挥，实现政府治理经济能力的现代化。要结合武汉清洁生产技术企业现状，善于找准产业发展的突破口，有效地整合产业发展各种资源，充分发挥市场作用并结合政府科学现代化的管理，促进清洁技术产业突破性发展。

三、发展路径

武汉清洁生产发展的基本路径，应该结合产业发展现状和市场主体水平，在综合国家大政策方针的基础上，采取三步走的发展战略，即在清洁生产产业培育与发展过程中存在政府引导运作、政府与市场双核驱动和政府规范引导下的完全市场运作三个递进的发展阶段。当企业拥有一定自我发展能力，能以自身的竞争力应对市场的竞争时，政府要勇于退出，让企业成为市场竞争的主体。尤其是要结合十八届三中全会精神，让市场在资源配置中起决定性作用，推动政府管理能力的现代化，因此，武汉市政府可以利用促进清洁生产发展带来的机遇，加强市场机制建设和政府管理能力的现代化。

1. 第一步："政府引导运作"阶段

清洁生产行业是一个资本与技术密集的行业，在成长过程中可能因为市场和技术的不确定和自身经营能力不足而存在巨大的风险（图 6-1），由于市场在配置资源过程中存在"市场失灵"的客观情况，尤其是处在种子期的清洁生产科技型企业往往得不到有效的支持而存在夭折的风险，因此政府的引导尤为关键。考虑到清洁生产行业存在诸多需要进行新技术开发的领域，要在基础理论和技术研发方面进行突破，政府加大基础科研项目的投入是非常重要的。在新技术研发成功以后，如何将研发出来的技术转化为产业，并形成清洁生产技术的产业，资本市场出于对风险的防控不愿意投资，在这个时候需要政府设立相应的风险创业投资引导基金引导社会资本的投入，同时通过完善相关政策形成良好的社会发展环境，为清洁生产企业的发展创造条件。社会资本在进入初创期的清洁生产行业时，因为产品市场的不稳定性，金融机构收益可能比较低，政府可以采取相应的财政补贴政策，改善清洁生产技术企业的发展环境，同时通过优化金融机构生存环境，吸引科技金融机构围绕清洁生产企业集聚，逐渐形成规模优势，增强资本市场对企业发展的支持。因此，在企业发展的早期阶段，政府的扶植与帮助对清洁技术企业的生死存亡有重要影响。

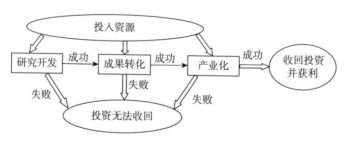

图 6-1　清洁生产技术企业发展过程中风险

资料来源：作者根据发展逻辑理解绘制

2. 第二步："政府与市场双核驱动"阶段

清洁生产企业度过艰难的初创期，克服"死亡之谷"带来的制约后，企业进入了快速成长期，企业需要得到政府和市场的双重支持，才能高速成长。这一阶段，市场在企业成长中的作用体现在为企业影响力的扩大创造条件，市场规模的日益扩大为企业的成长提供必要的空间，围绕企业形成的产业链，需要借助市场的力量稳步推动，为了解决企业发展中所需要的技术供应问题，创新技术供给是重要一环。在企业高速成长阶段，克服自身资本积累带来的约束需要发挥资本市场的功能，积极发展股权投资，为企业的不断成长提供足够的资本支持。这一阶段企业主要通过完善自身的创新与服务能力，增强适应市场竞争的能力并提高盈利水平，并为自身的发展壮大创造条件；在这个阶段政府在企业的成长中依然重要，政府进一步完善科技金融产业发展的市场机制为企业的融资创造条件，培育更多清洁生产市场主体，进一步做大清洁生产产业集群；同时，政府在第一阶段设立的创业投资引导基金在达到引导社会资本进入高新技术企业后，不与社会资本争利和发展空间，逐步从资本市场退出，重新进入"政府引导运作"阶段，成立新的创业投资引导基金引导新兴产业的发展，为产业集群的成长源源不断地培育企业，提供新鲜血液。

3. 第三步："政府规范引导下的完全市场运作"阶段

随着清洁生产技术企业的市场竞争力越来越强，清洁生产技术企业进入"政府规范引导下的完全市场运作"阶段，企业发展主要资源从市场获取，并依靠自身的竞争能力在市场上获得发展的机会和成长的空间。企业成长和规模的扩大主要从资本市场来获取资金，服务企业资本需求的金融机构是主导力量，各金融机构结合清洁生产技术企业的发展需要和市场变化，通过市场需求引导金融工具、金融文化的创新，主动服务企业，与高新技术企业建立长期稳定的利益联盟关系。政府则通过完善相关政策法规，建立公平、公正、透明的发展环境，建立起完善的金融风险防火墙，防范过渡金融创新引起的泡沫和系统性风险，改善本地的金融生态环境，建立起完善的信用体系，在社会范围内形成诚信的氛围，为科技金融企业自我发展、自我规范创造条件。充分发挥政府对行业发展的宏观指导，在政府相关职能部门的协助下，组建技术创新联盟和产业发展联盟，有效改变市场竞争格局改善企业发展环境。

因此，武汉清洁生产技术企业的发展，要结合企业的成长规律，充分发挥市场和政府两种力量的作用，实现技术研发——成果转化——产业培育——企业成长——市场扩张的高速成长路径，将清洁生产技术行业培育为武汉未来的支柱产业。

第三节　武汉清洁生产技术发展的突破重点

武汉市发展清洁生产技术，要立足于国家的生态文明建设、湖北作为中部崛起的重要战略支点建设和武汉市国家中心城市建设的客观需要，充分发挥武汉现有的产业基础和科教优势，依托东湖国家自主创新示范区，在改善技术供给、市场主体培育、企业成长服务方面进行大胆的突破，推动清洁生产技术企业的跨越式发展。

一、增强创新技术供给能力

清洁生产行业是一个技术资本密集的行业，市场竞争很激烈，受发展历史和技术积累的影响，欧美发达国家和地区控制着清洁生产技术专利和技术标准，武汉清洁生产技术企业发展要突破国外技术壁垒进入这个新兴市场就必须加大技术创新力度，整合武汉地区清洁生产技术的研发力量，形成产学研一体化的技术创新模式，面对市场的需求创新技术，增强清洁生产技术的有效供给。

第一，加大技术创新力度，增强创新技术供给能力。武汉清洁生产技术创新以资源节约和环境友好为核心，面向市场和未来。根据武汉产业结构的特征及生态化调整、改造和优化的要求，围绕环保产业发展重点，武汉清洁生产主要围绕以下技术展开工作：旋转喷雾干燥法烟气脱硫技术；循环流化床锅炉生产技术；中小型燃煤装置烟气除尘脱硫一体化技术；冶金行业高浓度粉尘治理技术；烟气脱硝深度处理技术；汽车尾气净化技术；工业废水光化学脱色技术；激波传质厌氧化工艺技术；反渗透膜分离技术；悬浮载体 SBR（sequencing batch reactor activated sludge process，即序批式活性污泥法）污水处理技术；辊轴炉排垃圾焚烧处理技术；医疗垃圾焚烧处理技术；生活垃圾有机复合肥资源化处理；城市垃圾分拣、填埋技术；矿渣、粉煤灰综合利用技术；植物纤维生物降解餐饮具生产技术；纸浆模塑一次性餐饮具生产技术；魔芋生物可溶可食全降解膜技术；农业废弃物循环利用技术；环保型生物农药技术；臭氧水处理技术；智能型环境监测分析仪器仪表等。集中力量重点研发资源节约与替代技术、资源精深加工技术、资源再利用技术及降低再利用成本技术、延长产业链的关联技术、节能减排技术、水污染和大气污染防治技术、水生态保护与修复技术等，争取关键技术和核心技术取得新突破。

第二，依托龙头企业建立技术联盟，增强技术研发能力。积极发展以企业为主体，产学研用相结合的各种形式的清洁生产技术战略联盟，大力加强企业研发机构建设，大力引进国内外有关清洁生产的技术研发机构、人才和智力，大力争取一批国家级技术中心、工程技术中心落户武汉，不断整合清洁生产技术优质供给资源。重点培育凯迪电力等龙头企业的科技创新能力建设，在凯迪电力设立博士后流动站的基础上，考虑进一步整合武汉大学、华中科技大学、武汉理工大学等高校新能源研发力量，联合申报国家级创新实验室，进一步做大做强武汉的生物质发电技术水平，改变我国在新能源行业技术上受制于西方发达国家的被动局面，进一步发挥凯迪电力作为行业龙头企业的领军作用，鼓励凯迪电力积极向海外扩展，并到发达国家创办技术研究院，在世界范围内开展技术研发，增强公司的技术创新能力。在节能技术方面，重点培育扶持以日新有限公司为主体的光伏发电技术研发升级，特别是利用东湖高新区在节能方面的技术研发优势，考虑有效整合武汉地区的风能、太阳能、光伏企业的技术力量，建立面向市场的新能源技术联盟，积极突破太阳能和核能等新能源发电行业的技术壁垒，进入这些新兴领域，增强创新技术应用的市场普适性，特别是针对湖北缺煤、少油、乏气的现状，在国家强制性降低能耗大政策的背景下，利用清洁能源尤其是核能在未来成为一大趋势，加快核能作为新能源的开发和利用，弥补武汉在核能开发上的短板与不足，并加大对风力发电技术设备和太阳能发电技术设备的技术研发，丰富武汉的新能源开发的内涵，结合国家发展的战略需要抢占发展机遇。利用武汉作为国家新能源汽车推广应用试点城市的机会，大力发展新能源汽车的研发，积极储备新能源汽车的开发技术，并与襄阳、十堰等城市合作推进新能源汽车产业的发展，占领具有市场潜力的新领域。

第三，强化技术的比较优势，积极培育新的竞争优势，实现持续发展。武汉的污染治理技术存在长处也存在短板，要改变武汉的污染治理技术发展不均衡现状，要加大短板技术的研发与储备，为建立完整的污染治理产业链创造条件。武汉的污染治理集中在废气处理技术方面，企业主要集中在东湖高新区，2012 年东湖高新区有 11 家产值超过 10 亿元的污染处理企业，重点企业包括武汉都市环保工程技术股份有限公司、武汉龙净环保工程有限公司、中钢天澄环保股份有限公司、武汉华丽环保科技有限公司等。武汉的污染处理技术在大气污染检测技术方面有强大的技术研发和产业化能力，PM 2.5 的检测和治理技术全国领先，并在工业化生产中产生的废气治理方面技术经验丰富。但武汉企业在污水治理及生产噪声处理、建筑工程扬尘处理技术方面还存在不足，考虑到我国当前的污染现状，这些领域在未来都具有发挥潜力的空间。污水处理技术是解决我国当前环境污染治理的一大难题，湖北是"千湖之省"，水污染治理市场巨大，对城市工业生活废水的无害化处理使其达到自然排放的标准，在国家重视环保的大背景下市场巨大；土地污染治理技术的市场需求巨大，在农业清洁生产和污染处理技术方面，武汉仅有武汉高农一家具有影响的企业，特别是将土地污染治理技术与现代农业结合，发展清洁农业生产也是未来的发展方向；随着我国城镇化水平的迅速提高，如何有效解决城市噪声污染治理，解决城市生产的扬尘污染，都是具有市场前景的领域，需要加大技术研发力度。因此，武汉清洁生产技术研发应该在巩固当前大气污染治理的基础上，积极向水污染、土壤污染、噪声污染和建筑污染等方面拓展，形成完整的技术研发和产业链条，增强武汉的环保产业竞争力。

第四，加强中外合作，把握世界前沿技术。在探索中外清洁生产技术合作方面，武汉无疑是积累了相关经验的，如何进一步做大做强则需要进一步探索。2009 年 11 月，胡锦涛和奥巴马发表了建立中美清洁能源联合研究中心（Clean Energy Research Center，CERC）的通告，11 月 17 日美国能源部部长朱棣文和国家能源局局长张宝国签署协议，启动建设中美清洁能源联合研究中心。该中心还将本着互惠互利的原则，在有助于促进中美两国清洁能源利用的若干领域中，加强知识、能力和双方合作基础的建设。中美两国分别选择"华中科技大学"和"西弗吉尼亚大学"领导各自的研究团队，组成中美两国清洁煤技术联盟，中美两国建立起清洁生产技术的跨国联盟，并利用彼此的技术优势来推动清洁生产技术的发展，推动中国的煤清洁燃烧技术走向世界前沿。当前武汉的科技发展正在走向世界，应该利用中国武汉与美国芝加哥、光谷与硅谷的"双城双谷"联系纽带，加强中国武汉在清洁生产技术研发方面同美国的合作，增强武汉清洁生产技术研发的先进性。此外，中国武汉同法国经济联系比较密切，武汉是法国在中国投资最多的城市，但双方的经济合作更多地体现在汽车的生产制造方面，而法国也是欧盟清洁生产技术领先的国家，可以利用中国武汉市与法国已有的联系通道，加强清洁能源技术研发的合作，加速清洁生产技术的开发。使武汉的清洁生产技术研发处于世界前沿，增强技术创新能力。

第五，改革清洁生产技术研发体制，面向市场进行技术研发。要整合武汉地区的清洁生产技术研发力量，特别是有相关技术积累的科研院所要积极开展面向市场的技术创新，注重技术研发的市场导向，实现科研机构和技术需求企业的互利共赢，建立起面向市场长效技术创新机制，围绕清洁生产形成行之有效的产学研体制。结合武汉地区清洁生产技术开发的产学研合作现状，立足现实，着眼未来，围绕清洁生产技术研发的产学研合作发展工作的战略规划，全面规划产学研结合的各项工作，从产学研结合的目标设立，到运作方式，再到相关各方的利益联系，明确产学研合作的战略目标、基本原则、发展重点。以规划把握产学研合作创新的全局，促进产学研结合工作的规范开展，引领产学研工作纵深发展，实现产学研合作创新由分散到整体、由短期到长期、由低端向高端、由境内向境外合作的转变。特别是利用武汉的新能源产业基础，在国家大力鼓励发展战略性新兴产业的背景下，利用武汉城市圈进行"两型社会"建设综合配套改革试验和建设东湖高新区国家自主创新示范区的机遇，在武汉推出《促进东湖国家自主创新示范区科技成果转化体制机制创新若干意见》即"黄金十条"的基础上，进一步细化、优化、系统化政策体系，促进产学研更好结合，推动技术研发与产业化的就地转化。

二、加快市场主体培育

要结合武汉清洁生产技术产业发展现状，扶植市场主体做大做强，培育新的市场主体，实现产业链优化布局，加速清洁生产技术的产业化，实现技术创新向经济效益的转化，形成技术创新到产业化的链条。培育市场主体的模式主要包括以下几种。

第一，依托行业环保培育服务于特定领域的清洁生产技术的市场主体。依据武汉市资源环境现状和重化工业主体格局的需求，围绕生态产业体系建设重点行业和重点领域，加速科技成果的产业化；优先选择武汉城市圈内高能耗、高污染的行业，如冶金、煤炭、石油、石化、化工、建材、造纸行业等技术实力强且基础好的企业，探索不同行业配套发展环保产业的模式及适用技术；择优扶强，选择和引进一批具有国际领先水平的资源再生技术和环保技术项目与骨干企业嫁接，开发CDM项目的国际合作，示范推广先进环保型技术装备及产品；加快环保技术设备的国产化、成套化、系列化进程，带动产业系统整体生态化水平的提高，改变环保产业技术水平落后的现状，培育专业化的清洁生产技术企业。此外，还要利用与国外清洁生产技术的合作，力争新兴技术的产业化，在武汉培育国内技术领先的清洁生产技术企业，抢占市场的新制高点，为迎接新一轮产业竞争做准备，同时不断提升现有产业技术水平。

第二，依托重大环保项目引入清洁生产技术市场主体。积极规划一批生物质能源、除氨技术产业化、工业有机废料生物处理、环保生物材料及下游制品制造、污水及市政污泥处理、工业废弃物及副产品循环利用等环保工程重大项目，以此为载体扩大投资招商，引进一批清洁生产技术市场主体。引导武汉各区加大对产业生态链缺失环节投资及招商力度，支持各大中城市根据资源环境和产业结构现状，选择几个有基础、有优势、有引领带动作用的重点行业、重大项目和重点企业，集中投入，落实配套扶持政策，促进产业分工配套和规模发展相结合。鼓励外资渗入武汉环境资本市场，使其成为疏通环保产业投融资渠道的可利用的方式；广泛吸纳社会资金，鼓励有技术优势、市场前景好、企业运作良好等符合条件的环保企业，通过境内外上市或资本市场筹集资金，通过资本市场的改善为市场主体的成长创造条件。特别是针对武汉清洁生产技术方面的薄弱环节，主要是风能和核能技术，以及产业上的薄弱环节，应该下大力气招商引资补齐产业链，构筑区域产业竞争力。

第三，实施大企业和企业集团发展战略，做强市场主体。骨干企业和企业集团是环保产业发展和进军国内外市场的龙头和主力军。应充分利用武钢、大冶有色、中石化等大型企业的资源、技术、人才和装备优势，加强矿渣的开发和利用，工业气体和氧化铁皮的深加工，矿渣微晶玻璃、磁性材料制品、高耐磨钢渣矿渣混凝土等新产品的研制，扩大重化工业固体废弃物的综合利用途径，力争在技术研发、工程承包、关键设备制造方面有突破性进展，并通过上市、兼并、联合、重组等方式，形成一批拥有自主知识产权、核心能力强的国内外知名的大企业和企业集团，提升湖北省环保产业的规模效益和市场竞争力。武汉的清洁生产技术企业目前的竞争优势表现在两个方面，一是企业工业生产的废气治理，二是生物质发电。而大气污染治理方面的企业众多，各企业采取了各自为战的措施，不利于区域力量整合，要组建集团及大企业抱团发展，提升市场竞争力和影响力。

第四，扶持重点龙头企业，以此为核心培育一批市场主体。要加快环保产业的投入多元化、运作规范化、经营专业化进程，必须选择一批具有一定规模和实力，并具有发展潜力、基础条件较好、技术水平相对较高的环保企业，从资金、技术、管理和政策等方面给予重点扶持。围绕核心企业，培育一批与之配套的中小企业，形成龙头企业带动产业集群成长的模式。要根据武汉产业结构偏重的特征，重点支持和培育一批在垃圾发电、脱硫技术、碱回收、污水处理、大气污染防治、白色污染治理领域具备技术优势和产业基础的骨干企业，包括专业化服务型大企业和企业集团，以及具有系统设计、设备成套、工程施工、调试运行和管理一条龙服务的综合型总承包公司，以此带动湖北省环保类产业链条化、规模化、集群化和跨越式发展。武汉目前在清洁生产技术方面的企业有300多家，但产值过百亿的只有凯迪电力和中冶南方两家，要充分发挥凯迪电力和中冶南方的带动作用，将产值十亿多元的十多家企业培育成百亿元产值企业，力争将凯迪电力和中冶南方培育成千亿产值的企业。

第五，促进大中小企业合作结网，增强市场主体竞争力。要依靠优胜劣汰机制和宏观调控，引导中小型清洁生产技术企业向专业化方向发展，积极发展一批拥有技术优势、为大企业和总承包公司提供专业化配套服务的"专、精、特、新"的中小企业及服务清洁生产专业化骨干企业，形成产业内适度集中、企业间充分竞争，以大企业为主导、中小企业协调发展的格局。同时要对清洁生产技术企业进行公司制改组，理顺产权关系，引导鼓励企业以资产为纽带跨地区、跨行业、跨所有制兼并重组改造，逐步形成以武汉为核心区、以湖北为发展区、以华中为辐射区，以环保技术设备制造、大气污染防治、污水综合治理、废弃资源综合利用、新能源为五大支柱产业，且布局合理、结构协调的国家环保产业基地核心区，实现清洁生产技术产业与省域及中部地区关联产业互惠互利、共生发展。

第六，以武汉为龙头，建设高标准的清洁生产产业示范区，优化清洁生产技术企业的成长环境。充分发挥武汉在产业基础、科技研发、加工配套及市场辐射等方面的优势，尤其利用东湖建设国家自主创新示范区和青山建设国家循环经济示范区的基础，整合武汉地区的清洁生产产业基础、技术、体制、政策等综合优势，强化企业、高校、科研院所的主体作用，打造环保产业的核心竞争力，把武汉青山国家环保科技产业基地、武汉脱硫环保产业基地、消除"白色污染"产业基地、汉印染废水一体化设备制造中心等，建设成集环保科技研发、孵化、生产、技术创新和技术扩散等诸多功能于一体，且规模大、科技含量高、创新能力强、创业环境好、特色突出的环保产业示范基地。力争到2015年，初步建成国内技术领先、功能完善和华中地区规模最大的环保产业基地和示范区。积极发展各类再生资源综合利用园区和基地。以废旧金属、废旧家电、废旧轮胎综合利用产业为重点，按照生态经济要求规划园区及其新增加或引进投资项目的布局，引导企业和项目向园区和基地集中，形成包含废弃物集散和回收处理中心、研发中心、产业化利用与加工中心、设备制造中心、培训中心、信息中心等生态功能完备的产业链接和环保产业集群，提高再生资源产业集中度和市场竞争力。

三、强化企业成长服务

要强化企业成长服务，为清洁生产技术企业发展创造条件，围绕市场机制下功夫，借助市场机制配置资源，实现发展资源向成长企业集聚。强化企业的成长服务主要从以下几个方面入手。

1. 培育服务清洁生产技术的资本市场，健全产业融资体系

完整的清洁生产技术产业市场体系，包括环保产品市场、环保技术服务市场、环保资本市场三个部分。目前，武汉的清洁技术产品市场相对过剩、清洁技术服务市场和服务清洁技术产业的资本市场尚未形成。与其他行业相比，武汉市对清洁生产技术产业的投资比重明显偏低，产业成长长期处于资金不足的状态。要改变这一现状，要从以下几个方面努力。

首先，完善清洁生产技术产业间接融资体系。充分发挥政策性银行的准国家信用和市场建设功能，将资本支持与清洁技术生产市场的发展结合，借助政策性银行低息无息贷款，或延长信贷周期、优先贷款、贷款贴息等方式，对清洁生产技术产业中某些低利或微利行业给予融资支持；鼓励国有商业银行采用融资租赁形式，放宽授信条件，增大对清洁生产技术产业的资金支持；运用税收、减免提取准备金等优惠，引导股份制银行向环保产业提供信贷；环保企业可利用产业链向银行担保借款；鼓励发展农村合作金融等非正式金融组织和融资担保机构；争取国际信贷对环保项目提供贷款支持。

其次，加速拓展清洁生产技术行业的直接融资渠道。改变国债对环保投入份额明显偏低的现状，加大国债的投入力度；建立健全环保企业债券信用评级制度，推动环保企业债券发行；对环保企业上市审批给予优惠政策，鼓励有技术优势、市场前景好、企业运作良好的环保企业到境外上市；推动节能环保型中小高科技企业在创业板上市；提倡与大型机构投资者合作，发展私募融资。同时针对武汉的清洁生产技术研发，大力发展天使投资和创业投资，为技术就地转化创造条件，实现武汉技术就地产业化，提升创新技术的市场价值。

最后，积极发展非正式金融。推行 BOT（build-operate-transfer，即建设-运营-转让）、TOT（transfer-operate-transfer，即转让-运营-转让）等项目融资和特许经营模式，设立节能环保产业发展基金和环保产业投资基金，率先申请碳排放交易和抵押贷款试点，申请发行环保彩票和环境专项治理债券，申请设立环境污染责任保险等多种方式，鼓励私人资本和社会资本建设环保基础设施和发展

环保产业，形成多种所有制共同发展、充满活力的环保产业投融资格局。特别是针对当前我国光伏产业发展逐步向纵深发展的现状，借助光伏电站的发展进行并购，加大并购等行业的融资支持。

2. 培育服务专业市场，营造统一开放、公平规范的竞争环境

清洁生产技术专业市场是环境服务的供给方和需求方交易的场所。环境服务专业市场，通过真实、及时和充分的信息发布，可降低双方信息搜寻、谈判、生产、运输等交易费用，且有利于减少欺诈、违约行为的发生，提高交易成功率。首先，政府要制定清洁生产服务标准和技术标准，加快建设环保企业诚信制度体系和产业公共信息服务平台，减少信息不对称，完善竞争机制，营造公平公开的市场环境。其次，要破除地方保护和垄断，规范城市秩序，实行公开透明的环保项目建设和产品采购招标，鼓励综合服务企业以特许经营方式，获得治污设施一定期限的服务权和收益权，形成统一、开放的市场竞争格局。最后，要鼓励相关科研机构转制为环保科技中介服务机构，引导各种与环保有关的技术创新、技术评估、技术推广、竞标代理、信息咨询及技术经纪等中介机构，为环保企业发展提供良好的服务。

3. 按照补偿治理成本原则调整环境资源价格

目前我国资源环境价格偏低，既未反映其稀缺程度，也未反映环境治理成本和资源枯竭后的退出成本，这势必助长"靠攫取资源赚钱、靠污染环境致富"的行为，出现"少数人受益、多数人受害、全社会埋单"的现象。从现实情况看，高污染、高耗能行业的超常扩张，并不能完全归咎于单纯追求 GDP 增长的错误政绩观，某些地方政府与企业结成特殊利益集团，攫取黑色利益，已成为环境持续恶化的主要原因。因此，要更大程度地发挥市场配置对资源的基础性作用，建立反映环境资源成本和稀缺程度的价格形成机制。例如，不可再生性资源定价，应考虑开采费用（含研究、开发及管理费）；开采资源导致的负外部性效果；开采资源引起可供资源减少及成本和价格上升等诸多因素。要进一步培育二氧化碳排放交易市场，为清洁生产技术企业获得收益补偿创造条件，进一步完善武汉市碳交易所的交易机制，并尽快引入环境治理交易，为清洁生产技术企业找到更多的发展空间。

第四节　建立清洁生产技术发展的保障机制

清洁生产技术的发展是一项系统性工程，需要全社会协同创新建立适合的体制机制，没有体制机制的保障则难以取得成功，因此，武汉的清洁生产技术发展

需要结合现实建立有效的保障体制。

一、协同创新建立发展保障机制

清洁生产技术产业的核心是节能环保，该产业已经被国家确定为战略性新兴产业，是未来大力鼓励发展的领域。武汉的清洁生产在技术和产业方面有基础，当前国家发展政策聚焦于此，清洁生产技术产业有跨越性发展的可能。清洁生产技术产业的发展，不仅能引领武汉产业结构生态化转型升级，实现经济发展方式的转变，提高东湖建设国家自主创新示范区的效应，还能更好地履行湖北"建成支点，走在前列"的历史使命，因此清洁生产技术产业的发展是一项综合性、前沿性的工程，其前景和成效也将是历史性和突破性的，需要动员社会各方面的力量进行协同创新，建立起满足现代产业发展的清洁生产技术产业发展支撑保障体系（图6-2）。

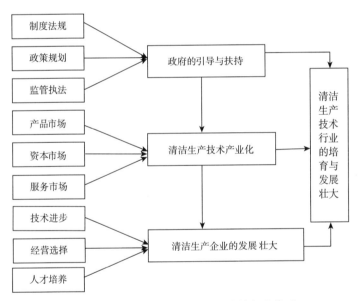

图 6-2 清洁生产技术产业发展支撑保障体系

由于清洁生产技术产业的发展具有正外部性、公益性等属性，对于改善人民群众的生活和实现产业结构升级意义重大，但因其发展的巨大投入和见效周期长，单独的市场调节难免产生"市场失灵"，这就决定其发展有赖于政府的适当干预和正确引导，即通过法律、规划、产业政策、标准、监管，规范市场，创新产业发展体制与机制，营造良好的外部环境。政府引导社会力量找准推动产业发展的切入点，运用规制安排和政策引导，创造良好的市场发展环境，通过维护良好的市场体制，发挥市场力量来推进技术进步，在提高产业效益的基础上维护企业的发展主动性、积极性和创造性。具体说来要从以下几个方面入手。

（一）健全清洁生产制度环境

清洁生产技术的产业化发展，关键在于市场的巨大需求，需要通过国家相应的环境保护政策落实，改变企业在生产经营中对环境的污染和破坏，实现生产经营活动的"环境友好"，借助国家强制性节能减排措施落实"资源节约"，改变环境公共用地悲剧。催生巨大的清洁生产技术市场需求，推动清洁生产技术企业的发展。所以，必须建立健全环保标准和制度法规，创造环保市场需求。

1. 健全环保管理制度体系

政府协同社会力量共同努力，建立起严格的环保管理制度，尤其在武汉市辖区内做大有污染必治理。

（1）完善环保制度体系。建立健全危险废弃物管理制度、污染物排放总量控制制度、主要污染物排污权交易制度、污染者付费制度，以及对家电、电子、汽车等废弃物处理的生产者责任延伸制度，制定科学严格的项目规划环评制度、绿色 GDP 核算制度和政绩评估体系等，用制度保证行动落实。

（2）严格的环保行业标准。建立环保产品技术标准和市场准入制度、环保技术验证制度、环保工程和设备监理制度、环境服务标准和技术标准，建立健全立足于现代环境服务业的产业统计体系和制度。

（3）落实资源环境监督体制。落实"中央监察地方、地方监管单位、单位法人负责"的资源环境监管体制，严格市场准入和产业监管，建立节能减排审计制度、区域环境保护协作制度、环境信息披露制度，并向社会公开，以武汉市为核心，向下级地区推进落实。

2. 落实资源环境保护标准

目前，国家环保部提出了二氧化硫、化学需氧量等污染物控制指标，湖北省也制定了湖北省环境保护"十二五"规划，明确了环境保护的相关的指标。武汉的环保执法相关职能部门，应该严格按照国家的统一要求，加强执法监管的力度，同时武汉市结合自身的经济发展和环境保护的需要，制订了《市人民政府关于印发武汉市改善空气质量行动计划（2013—2017 年）》，并提出到 2017 年全市空气中可吸入颗粒物（PM 10）年均浓度比 2012 年下降 20％，细颗粒物（PM 2.5）年均浓度比 2013 年下降 20％，环境空气质量优良天数总体呈逐年增加趋势。要在实践中落实好这些标准，根据武汉资源环境现状，逐步适当提高地方环境质量标准的限制水平，提高工业废水和生活污水、燃煤电厂和工业大气污染物、汽车尾气的限制排放标准，强化家电、汽车部件生产商在废旧产品回收方面的责任，特别是对二氧化碳排放强度、氮氧化物排放、氨氮、重金属污染等提出新目标，以促进相关设备、产品的提升和技术的发展，增强环保产业跨越式发展的需求刺激。

3. 强化环境保护执法

强化各级政府职责，尤其是武汉市环境保护局的相关职能，建立环保执法责任追究制度；建立环保管理办公自动化系统、智能化在线连续环保监控系统、环保技术和项目的评价平台；加大对排污行为的监管和处罚力度，使企业违法成本远远高于污染治理成本；提高执法的科技含量，尽可能杜绝环保执法的人为因素，保障相关政策落实到位，形成环境产业末端的监管倒逼机制。要利用现代科技，在环境执法中重视利用现代物联网技术，建立起现代环保执法的体系。在重视对工业生产环境保护执法的基础上，还要加强生活环境治理执法，要在控制工地扬尘污染、控制道路扬尘污染、控制裸露地面和堆场扬尘污染、加强餐饮油烟污染整治、严格秸秆废弃物焚烧、加强沙石开采扬尘管理。通过严格执法强化环境保护，借助环境保护强化群众的环保意识，把发展清洁生产技术当做一种自觉的行为。

4. 提高清洁能源使用率

针对当前武汉的实际情况，在缺煤、少油、乏气的大背景下，要彻底改变当前的能源结构还是存在一定困难的，要结合具体情况在有条件的地方使用清洁能源，加快调整能源结构。要严格控制煤炭消费，增加清洁能源供应，利用东湖高新区和武汉经济技术开发区的技术优势，率先进行燃煤设施清洁能源改造。加快高污染燃料禁燃区建设，禁燃区内禁止新建高污染燃料用设施，提高能源利用效率，严格落实节能评估审查制度，新建高耗能项目产品单位产值能耗要达到国内先进水平，用能设备技术水平要有严格的标准。

（二）重视政策导向与实践驱动

培育环保产业并不能局限于强制式节能减排，否则会直接增加企业的现期成本而难以形成有效激励，甚至陷入"环境治理不得不以牺牲经济发展为代价"的两难困境。发达国家政府基于"经济靠市场，环保靠政府"的理念，一手抓环保，一手抓产业，在制定环护制度法规的同时，更注重运用政策工具推动和鼓励环保产业的发展，使环境保护与环保产业相互融合、同步推进、相得益彰。这是世界各国发展环保产业的成功经验。

1. 积极创新"两型"政策工具

积极利用武汉建设两型社会的机会，进一步总结和归纳青山发展循环经济的经验，抢抓机遇，加大政策工具创新力度。在清洁生产技术产业的技术研发、产业转化、财政税收、金融信贷、外贸政策及市场准入等方面给予倾斜。积极加强政策工具创新，具体可以在以下几个方面进行努力。

一是增加创新政策的供给。目前，武汉清洁生产技术产业总体上还处于加速发展阶段，形成的几个环保产业基地、研究中心、几个大型的环保企业，以及众多中小型环保企业的发展，但因为企业成长的周期和节点存在差异，必须运用差异化的政策加以扶持和引导，创新政策工具的不足会影响到最终目标的实现。政策工具创新既要有强制性法规，如排污费、碳税、燃油税、排污强制性技术标准、减排预算和环境容量封顶等；也应有市场化导向的生态型政策，如排污权交易、生态补偿、可再生能源配额制（如绿色电力）、生产者延伸责任制、资源性产品差别价格（如对"两型"产能和企业实行优惠电价等）；还有绿色财政、绿色信贷、绿色保险、绿色证券、环保彩票等多种金融工具。也就是说，要为处于不同成长周期的清洁生产技术企业找到不同支撑政策工具，为企业量身定制政策工具，最大现代发挥政策的引导作用。

二是综合考虑引导政策的成本收益。不同政策工具的作用机理不同，政策效果亦不同。政策工具选择，应比较各种政策的成本和收益，明确其适合领域，并考虑政策实施的可行性和效率，通过一系列环境政策的协调组合，促进环保产业及技术创新的发展，实现区域产业生态化转型和产业链的整体提档升级。发达国家的实践表明，强制性政策和经济激励手段相结合，特别是发挥好政府的表率作用，可提高政策效率和减少监管成本。例如，日本推进循环型社会建设，先后出台集体资源回收团体奖励金制度，《绿色采购法》和一系列关于容器预包装、家电、建筑材料等政策法规，还有欧盟的环境绩效标准、能源之星节能标识等制度安排，均有效促进了资源节约和环境保护。

2. 加快推进环保制度改革创新试点

政策工具创新重在率先践行。近几年，武汉利用两型社会试验区和国家自主创新示范区等新机遇，先行先试，加大改革创新力度，制定优于国家总体水平的地方性扶持政策。例如，每年从全市产业结构调整资金中，挤出2/5重点用于环保技术成果转化和技术引进，并从国债安排、银行支持、上市融资给予支持，实现了环保产业的迅速发展。当前在资源市场化改革相对滞后、各级政府官员的GDP情结较浓的情况下，尤需全面践行，积极推进环保制度改革创新试点工作。

第一，继续推进污染物排放权交易改革试点。推行排污权有偿使用和交易，是用市场经济手段解决环境问题的有益探索。2009年，湖北省主要污染物排污权交易正式启动，并纳入国家排污权交易试点范围，2014年湖北省碳排放交易正式挂牌，但已进行排污权交易次数、交易金额和参与竞价交易的企业均非常有限。在今后试点实践中，尚需继续修订现行法规中关于排污总量控制的目标设定、排污量检测和适用对象规定，完善初始排污权的分配机制，规范排污权交易市场，组建专业的排污权中介机构，推动排污权抵押贷款的研究和试点，逐步扩大排污权交易的规模。

第二，试行科学严格的规划环评和项目环评制度。根据沿海发达地区的经验教训，大型工业园区或项目的聚集，产业集群的发展，即使每个项目都达标排放，仍会产生污染叠加效应，酿成生态灾难。太湖流域发生的生态危机及武汉东湖的污染皆源于此。因此，完善规划环评和项目环评制度势在必行。例如，武汉城市圈在建设两型社会改革试验中，应将"1＋8"视为一个产业整体，根据各地环境容量，核定各地主要污染物排放量，合理布局投资项目，对招商项目设定严格审核制度，不能简单盲目地"承接转移"，应有所为有所不为，重点引进与转型目标吻合的高新技术项目和环保项目。严格执行建设项目的环境准入，武汉新建火电、石化、水泥、化工行业，以及燃煤锅炉项目执行大气污染排放物特别排放限值，禁止新建钢铁、水泥、玻璃、焦化、有色等行业高污染项目；加速淘汰高污染、高能耗企业过剩产能，提高武汉晨鸣汉阳纸业股份有限公司、武汉钢铁（集团）公司和汉阳铁厂等的落后产能，并进一步优化产业布局。

二、增强财政税收和金融支持

清洁生产技术行业的发展需要大量的资金支持，武汉要从财政和金融支持两个大方面来加以推进。

（一）财政税收支持

武汉目前对企业的污染行为，是以排污费的形式对空气污染、水污染、固体废弃物排放进行的末端约束。由于现行排污费制度存在收费标准偏低、征收面窄、依据不科学、效率低下等一系列问题，且专向收费的收入功能在一些地区被异化，演变为"收入第一、治污第二"，在制度安排上不利于环保开展。因此，有必要通过财政税收行为规范企业行为，使资源得到优化配置，增加肮脏生产成本。财政税收的使用可以从以下几个方面努力。

第一，制定科学合理税率。对排污者征税，目的是节制其排污行为，促使他们从自身利益最大化出发，在原材料、燃料和动力的使用种类和数量，工艺流程设计等方面进行更为合理的决策。税率过高不仅会抑制社会生产活动，而且还会导致社会为"过分"清洁而付出太高的代价；税率过低则又不能有效发挥调控作用。最适环保税率应等于最适资源配置下（此时也是最适污染量水平）每单位污染物造成的边际损害或边际成本。诚然，这一税率难以确定，但在既定的环境质量标准下，可采用"反复试验调整法"得到一个比较合适的税额。

第二，税务环保部门联手征收。由环保部门对污染源进行定期监测，为税务部门提供各种计税资料，然后由税务部门计征税款，并对纳税人进行监督管理。显然，该方式能充分发挥各部门的专长，大大提高征管效率。改变单独的税务部门对清洁生产把握不准确，以及环保部门执法手段不足的局限。

第三，推出武汉循环经济发展税收政策。对已有的资源税项目应普遍提高单位税额或税率，使之与目前资源市场的供求状况相协调，也使国家作为资源所有者获得应有的收益。通过对资源税的改革，提高自然资源的价格，有利于从物质输入端对物质的输入量进行控制，适当减少对自然资源，尤其是不可再生资源的使用。考虑允许享受减免优惠政策的企业也开具专用发票，这样，可以使企业真正享受到减免税带来的优惠政策。另外，很多企业采用的是自身资源再循环利用，用于连续生产的中间产品，并没有构成生产的最终产品，在财务上如何准确核算投入和产出相关的数据，需要国家出台相关的具有可操作性的测算方式，以利用企业与税务部门的计量。

第四，引导生产企业走清洁生产模式。政府发挥作用的方式并不是直接作为微观的主体加入清洁生产技术发展的过程中，而是通过制度安排，制定法律、法规和政策，进行有增、有减的税收调节，激励生产者和消费者通过清洁生产模式追求自身利益最大化。要用足用好现有的税收政策，充分发挥其正确的导向作用，促进企业健康发展。

（二）金融支持

第一，加速发展政府创业投资引导基金，加速本土清洁生产技术企业的成长。政府引导基金通过发挥政府资金的杠杆作用，吸引各类社会资本、民间资本和境外资本，放大政府对高新技术产业投资机构的导向效应和对企业发展的支持效应。通过财政政策的创新，逐渐将创业投资引导基金转化为财政资金拨付的渠道，政府基金通过引导 VC、PE 等方式，最大限度地发挥带动效应。首先，政府创业投资引导基金要根据高新技术产业发展的不同特点分层次、分类别设立（表 6-1），充分发挥政府创业全方位引导作用；其次，政府创业投资引导基金的设立要抓住国家当前发展战略性新兴产业的机遇，学习江苏省发展战略性新兴产业的做法，设立不同级别的战略性新兴产业创业投资引导基金，尤其是节能环保产业发展引导基金，促进清洁生产技术企业的发展。

表 6-1　政府创业投资引导基金的不同模式和作用

模式	特征	运营特点	使用对象	地位
参股基金	参股创业投资企业或设立"基金的基金"	保本微利、能持续运营	国家级政府、地方政府，适用对象很广	主要模式
融资担保	补偿创业投资企业或担保机构以提高贷款额度	能保本持续运营	地方政府，适用范围比较广	次主要模式
跟进投资	对创业投资企业的投资项目进行跟进投资	保本微利、能持续运营	适用范围小，占引导基金很小的比例	辅助业务模式

续表

模式	特征	运营特点	使用对象	地位
投资保障	对创业投资企业的投资的企业给予补助	无偿支付、一次性支持	科技企业孵化器等中小企业，适用范围小	辅助业务模式
风险补助	对投资于初创期的高科技中小企业的投资机构给予补助	无偿支付、一次性支持	适用于规模较小的区域性引导基金	辅助业务模式

　　资料来源：作者根据相关网站资料整理

　　第二，大力引进金融机构，借助武汉建设区域金融中心的契机，加速金融要素的聚集，增强服务清洁生产企业的能力。要加大金融机构引进力度，在武汉集聚银行、证券、保险等传统金融机构，大力发展担保、创投、信托、基金、资产管理公司、货币经纪公司、融资租赁公司、财务公司、汽车金融公司等新型金融中介机构，形成多层次、多元化、开放的金融服务体系，满足武汉发展清洁生产技术产业的需求。在引进传统金融机构的同时，要引入民间资本进入资本市场，发挥民间资本的力量，丰富金融资源的来源；进一步吸引外资银行、保险公司等担保机构的进入，积极引进具有世界影响的金融中介进入，为武汉的清洁生产技术企业利用境外资本市场创造条件。尤其是当前要充分利用好国家支持武汉建设国家中心城市的有利契机，加速区域金融中心的建设，在科技金融发展方面形成突破，实现金融要素的集聚，进一步丰富武汉地区的金融资源，增强服务科技型企业发展的需要。在引进传统金融机构进驻过程中，综合考虑武汉科技企业发展的现状和武汉的整体经济水平，对金融机构的吸引要有针对性，现阶段要以吸引国内金融机构建立区域总部为主，并积极引进跨国金融机构设立代表处、分支机构，并随发展进程不断升格，逐步向设立分行乃至区域总部迈进。

　　第三，进一步完善和发展多层次的资本市场，丰富金融产品的供给，增强金融支撑清洁生产技术企业发展的能力。可以从以下几个方面努力促进武汉清洁生产技术企业发展：一是推动科技企业积极上市，通过金融市场筹集更多的金融资源。积极培育清洁生产技术企业上市后备资源，加快企业上市步伐，支持企业合理选择上市途径，自主选择中介服务机构。鼓励和支持资产规模较大、盈利水平较高的企业在主板市场上市；鼓励和支持具有发展潜力的特色企业和高新技术企业在中小企业板上市；鼓励和支持符合战略性新兴产业发展方向的企业在创业板上市；引导和支持具备条件的企业在境外市场上市融资。二是推动上市公司做大做强，不断提高证券化率，增强企业再融资的能力。支持融资能力强的科技企业上市公司收购兼并同行业上市公司和非上市公司，发挥规模经济优势；科技企业上市公司采取增发、配股、发行可转换债券、公司债券等方式，扩大再融资规模，借助资本市场的平台功能，运用股权转让、股份合并、吸收合并等手段，不断提高企业资产的证券化率。三是鼓励科技金融创新，大力发展股权投资等新兴科技金融业态。通过财政投入、吸收社会资本和自身循环等方式，逐步扩大武汉市级创业投资引导基金规模。发挥市级创业投资引导基金的放大效应，通过阶段参股等方式支持各类创业投资基金在武汉设立与发展，壮大全市创业投资基金的规模。

第四，充分利用科技企业的特点，大力发展知识产权质押和股权质押贷款业务，推进产权市场发育。推行知识产权质押登记制度，鼓励商业银行开展专利、商标权等知识产权质押贷款业务，促进知识产权增值服务体系建设。在高校和科研机构开展知识资本化试点工作，建立健全知识产权激励机制和知识产权交易制度，探索形成科技成果资本化的模式，促进支持自主创新的多层次资本市场发展。鼓励商业银行依托股权托管开展股权质押贷款，形成武汉特色的科技贷款模式，进一步发挥武汉传统金融机构的比较优势。推行股权集中登记托管，规范公司股权管理，保护股东合法权益，为股权交易和质押融资创造条件。通过整合资源，完善体系，提升功能，培育以交易股权、知识产权为主，各类资产处置为辅的多层次、多功能、多板块、多元化的区域性科技产权市场交易中心。

第五，大力发展科技金融中介服务机构，完善金融中介服务体系。为资本市场服务的中介机构数量不足，已成为影响武汉资本市场发展的制约因素。要大力引进国内外规模大、实力强的证券、期货公司，以及具有从事证券业务资质的会计师事务所、律师事务所、评估机构等证券服务机构落户武汉，鼓励其将总部迁至武汉或设立区域性总部。支持资质好、执业质量高的中介机构，优先参与武汉上市后备企业和拟发行债券企业，以及其他拟进入资本市场投融资企业的专业服务机构。尤其是针对武汉缺乏的具有国际影响的高端科技金融中介服务机构，应该下大力气引进具有世界影响的投资银行和金融中介，将武汉打造成中部地区最开放的金融中介中心、科技金融发展服务中心，成为中部地区科技企业走向国际金融市场的窗口和舞台。

三、强化政府服务引导能力

强化在清洁生产技术发展中的服务引导能力主要包括以下几点。

第一，提升服务清洁生产技术发展的意识。各级政府要充分认识到发展清洁生产对区域经济发展的重要性，做好引导与服务工作。清洁生产不仅仅是企业自身的事，也是政府的事，事关区域经济发展方式的转型和产业机构的升级，行业的发展与地方经济社会发展紧密相连，只有企业充分发展了，产业结构才能优化，发展转型才能实现，经济社会发展才有后劲。从发展的角度看问题，政府积极主动帮助企业打消发展顾虑，依法依规进行规范。不断进行服务政策创新，推进区域科技创新能力的提升，增强创新技术产业化的转化，不断优化区域发展环境，增强区域内企业的竞争力与活力。

第二，科学制定规划，形成清晰的清洁生产技术产业发展路线图。武汉积极联手湖北省科技厅，继续实施"科技型中小企业成长路线图"计划，在武汉市科技局"青桐计划"的引导下增强大学生创新创业激情，借助"黄金十条"加速科技成果向产业化转化，积极培育科技型中小企业增加主体；落实湖北省十次党代会的相关精神，围绕《湖北省促进中部崛起战略支点条例》《武汉市政府印发促进东湖国家自主创新示范区科技成果转化体制机制创新的若干意见》（"黄金十条"），结合国务院办公厅《关于金融支持小微企业发展的实施意见》《湖北省金融业"十二五"发展规划》《湖北省加快资本市场建设若干意见》进一步细化具体的方案和服务清洁生产技术中小企业融资的思路，使规划的执行具有可操作性，为武汉市科技型中小企业融资解决制定清晰的路线图。

第三，完善政策扶持，打造区域金融服务品牌。借助财政与税收政策的引导与驱动功能，推动湖北省科技型中小企业融资难题的解决。充分发挥政府在金融产业发展中组织和规划的功能，积极组织相关金融论坛，利用"金融产品博览会"和东湖高新区打造"资本特区"的机会，加大宣传力度，树立中部乃至全国的中小科技企业金融服务品牌。特别是要利用武汉作为国家科技金融结合试点城市的契机，结合区域金融中心的建设，打造服务科技中小企业融资的金融产业集群，增强协同创新和解决问题的能力。

参 考 文 献

鲍健强，苗阳，陈锋．2008. 低碳经济：人类经济发展方式的新变革．中国工业经济，（4）：
　　153-160.

蔡明干．2009. 论生态文明与政治文明的辩证关系．经济研究导刊，（24）：182-183，252.

程小旭．2008-08-20. 北京借奥运实现产业结构调整．http://business. sohu. com/20080820/
　　n259045480. shtml.

董根洪．2011. "十一观论"——儒家大生态主义的生态思想体系．浙江学刊，（6）：25-32.

杜秀娟．2011. 马克思主义生态哲学思想历史发展研究．北京：北京师范大学．

方时姣，魏彦杰．2006. 生态环境成本内在化研究．中南财经政法大学学报，（2）：92-97.

福萨洛 P C．2009. 能源与环境对冲基金．上海：上海财经出版社．

郭朝先．2010. 中国碳排放因素分解：基于 LMDI 分解技术．中国人口·资源与环境，（12）：4-9.

国家环保局．2002. 国外清洁生产实施与启迪．北京：学苑出版社．

国家环境保护总局，中共中央文献研究室．2001. 新时期环境保护重要文献选编．北京：中央
　　文献出版社，中国环境科学出版社．

国家经贸委资源节约与综合利用司．2000. 清洁生产概论．北京：中国检察院出版社．

国务院．2013-01-23. 能源发展"十二五"规划．http://www. gov. cn/zwgk/2013-01/23/
　　content_ 2318554. htm.

环保部．2004-06-24. 国家环保总局王玉庆副局长在环保系统清洁生产工作现场会上的讲话．
　　http://kjs. mep. gov. cn/qjsc/fzgk/200406/t20040624_60409. htm.

环保部．2013-06-04. 2012 年中国环境状况公报．http://jcs. mep. gov. cn/hjzl/zkgb/2012zkgb/.

黄纯敏，高诚辉，林述温，等．2001. 绿色制造评价系统与评价方法的研究及应用．中国环境
　　科学，（1）：38-41.

黄勇．2007-10-26. 北京奥运环保得高分．中国环境报．

江泽民．2006. 江泽民文选（第一卷）．北京：人民出版社．

金适．2007. 清洁生产及循环经济．北京：气象出版社．

靳敏，贾爱娟．2001. 清洁生产的定量考核与评价规范研究．环境保护，（7）：37-39.

乐爱国．2003. 儒家生态思想初探．自然辩证法研究，（12）：15-24.

李贵奇，周和敏，刘艳霞．2002. 清洁生产的非线性和线性多目标模糊评价模型．武汉理工大
　　学学报，（3）：81-83.

李海红，吴长春，同帜．2009. 清洁生产概论．西安：西北工业大学出版社．

李龙强，李桂丽．2011. 生态文明概念形成过程及背景探析．山东理工大学学报，（11）：
　　47-52.

李昕．2007. 区域循环经济理论基础和发展实践研究．吉林大学博士学位论文．

李征．2009. 黄河流域主题功能区划研究．河南大学硕士学位论文．

刘冠宝，张秋，何劲．2006. 武汉工业企业清洁生产的现状、问题及对策研究．管理科学文
　　摘，（10）：29-31.

刘群望，王玉敏．2003. 新时代的消费方式——体验经济．消费经济，19（3）：32-34.

刘思华.2002.企业经济可持续发展论.北京:中国环境科学出版社.

刘志峰,许永华.2000.绿色产品评价方法研究.中国机械工程,(9):965-968.

卢晓彤.2011.中国低碳产业发展路径研究.华中科技大学博士学位论文.

陆长清,曾辉.1999.判断清洁生产定量评价体系初探.环境保护,(10):24-26.

马克思,恩格斯.1956.马克思恩格斯全集(第1卷).北京:人民出版社.

米都斯 D L.1984.增长的极限.李宝桓译.成都:四川人民出版社.

彭海的,李肋.1999.清洁生产模糊数学评价方法.山东环境,(4):37-38.

曲向荣.2011.清洁生产与循环经济.北京:清华大学出版社.

佘正荣.1994.老庄生态思想及其对当代的启示.青海社会科学,(2):50-57.

沈玉梅.1998.清洁生产发展及应用前景.环境污染治理技术设备,(2):73.

宋德勇,卢忠宝.2009.中国碳排放影响因素分解及其周期性波动研究.中国人口·资源与环
    境,19(3):18-24.

宋世伟,薛纪渝.1999.清洁生产技术方案综合评价方法初探.环境保护科学,(1):16-21.

苏飞,胡哲太.2013.基于 LMDI 的杭州市碳排放驱动因素分析.北方经贸,(4):44-46.

孙志威,廖红英,宋雨燕.2011.基于对数平均迪氏指数法的天津市能源消费碳排放分解分
    析.环境污染与防治,(1):83-91.

田旭峰.2010.鄂尔多斯煤炭企业可持续发展战略研究.内蒙古大学硕士学位论文.

田云,李波,张俊飚.2011.我国农地利用碳排放的阶段特征及影响因素分解研究.中国地质
    大学学报(社会科学版),11(1):59-63.

汪应洛,刘旭.1998.清洁生产.北京:机械工业出版社.

王守兰,武少华,万融,等.2002.清洁生产理论与务实.北京:机械工业出版社.

王豫.2007-02-09.奥运决战年大气污染防治是重点.光明日报.

魏宗华.2000.工业企业清洁生产评估指标的研究.环境保护,(5):22-24.

沃德 B,杜勒斯 L.1997.只有一个地球——对一个小小行星的关怀和维护.国外公害丛书编
    委会译.长春:吉林人民出版社.

沃斯特 D.1999.自然的经济体系:生态思想史.侯文蕙译.北京:商务印书馆.

武汉市统计局.2010.武汉统计年鉴.北京:中国统计出版社.

武晓毅.2006.区域生态环境质量评价理论和方法的研究.太原理工大学硕士学位论文.

辛鸣.2008.党员干部学理论.北京:中共党史出版社.

熊文强,郭孝菊,洪卫.2002.绿色环保与清洁生产概况.北京:化学工业出版社.

熊文强,姚文宇.1999.生产清洁度讨论.重庆环境科学,(5):4-5.

徐国泉,刘则渊,姜照华.2006.中国碳排放的因素分解模型及实证分析:1995—2004.中国
    人口·资源与环境,(6):158-161.

徐英.2001.可持续发展与企业管理.哈尔滨:哈尔滨工业大学出版社.

杨建新,王如松,刘晶茹.2001.中国产品生命周期影响评价方法研究.环境科学学报,(2):
    234-235.

杨明钦.2009.美国经济危机的复兴与应用清洁能源、节能技术的关系.中国能源,(4):16-20,42.

杨志山,蒋文举.2002.水泥企业清洁生产潜力评估系统研究.环境污染治理技术与设备,

（8）：28-32.

于凤川．2006．循环经济发展之路．北京：人民出版社．

于文杰，毛杰．2010．论西方生态思想演进的历史形态．史学月刊，（11）：103-110.

余爱华，赵尘，黄英．2009．清洁生产评价应用于人工林采伐的探讨．江西农业大学学报，
　　（2）：311-316.

张凯，崔兆杰．2005．清洁生产理论与方法．北京：科学出版社．

张少兵．2008．环境约束下区域产业结构优化升级研究．华中农业大学博士学位论文．

张天柱．2003．中国清洁生产十年．产业与环境，（S1）：25.

张天柱，石磊，贾小平．2006．清洁生产导论．北京：高等教育出版社．

张伟，张金锁，邹绍辉，等．2013．基于 LMDI 的陕西省能源消费碳排放因素分解研究．干旱
　　区资源与环境，（9）：26-31.

张霞．2009．染料行业清洁生产审核方法研究．南开大学硕士学位论文．

张永伟，柴沁虎．2009．美国支持可再生能源发展的政策及启示．国家行政学院学报，（6）：
　　108-111.

赵家荣．2003．我国推行清洁生产的回顾与展望．中国经贸导刊，（5）：4-9.

赵文晋，李都峰，王宪恩．2010．低碳农业的发展思路．环境保护，（12）：38-39.

郑彤彤．2013．韩国低碳绿色增长基本法（2013 年修订）．南京工业大学学报（社会科学版），
　　（3）：23-36.

朱勤，彭希哲，陆志明，等．2009．中国能源消费碳排放变化的因素分解及实证分析．资源科
　　学，31（12）：2072-2079.

Ang B W, Zhang F Q, Choi K. 1998. Factorizing changes in energy and environmental
　　indicators through decomposition. Energy, 23 (6)：489-495.

Brundtland H. 1987. Our Common Future. Oxford：Oxford University Press.

Dewulf J, van Langenhove H. 2005. Integrating industrial ecology principles into a set of envi-
　　ronmental sustainability indicators for technology assessment. Resources, Conservationand
　　Recycling. Oxford：Elsevier.

Grossman G M, Krueger A B. 2001. Environmental impacts of the North American free trade
　　agreement. NBER Working Paper, No. 3914.

Li C P, Hui I K. 2001. Environmental impact evaluation model for industrial process. Environ-
　　mental Management, 27：729-737.

Narayanaswamy V, Scott J A, Ness J N. 2003. Resource flow and product chain analysis as
　　practical promot cleaner production initiatives. Journal of Cleaner Production, 11：375-387.

Richmond A K, Kaufmann R K. 2006. Is there a turning point in the relationship between
　　income and energy use and/or carben emissions? Ecological Economics, 56 (2)：176-189.

Salvador N N B, Glasson J, Piper J M. 2000. Cleaner production and environmental impact
　　assessment：UK perspective. Journal of Cleaner Production, 8：127-132.

Schahczenski J, Hill H. 2010-05-06. Agriculture, climate change and carbon sequestration.
　　https：//attra. ncat. org/attra-pub/carbon sequestration. html.

Schuur E A G, Bockheim J, Canadell J G. 2008. Vulnerability of permafrost carbon to climate change: implications for the global carbon cycle. BioScience, 58 (8): 701-714.

Sundquist E, Burruss R, Faulkner S. 2008. Carbon sequestration to mitigate climate change. U. S. Geological Survey, (12): 1-4.

后　　记

　　"武汉市清洁生产模式和应用研究"是武汉市科技计划项目重点研究课题，目的是在对整个武汉市清洁生产现状进行盘查的基础上，结合当前经济社会发展需要整体规划下一步的发展思路。本书是该研究的最终成果，由中南民族大学经济学院完成，作为一项集体合作成果，整个研究由中南民族大学副校长李俊杰教授负责提出研究的整体思路并予以具体落实，并对研究最终成果进行审定和把关。另外，中南民族大学经济学院部分老师和研究生参加了具体研究，分工大致如下：第一章由李俊杰、段世德、徐婷、其乐木格完成，第二章由李波、李俊杰、甘泗群、刘松完成，第三章由李俊杰、段世德、袁洋完成，第四章由李帆、张岳、段世德完成，第五章由段世德、李波、刘驰完成，第六章由李波、刘丽娜、段世德、刘驰完成。

　　我国的清洁生产实践发展比较快，武汉市的清洁生产也在快速向前推进。尽管在研究过程我们力争全面反映清洁生产的最新进展，由于水平和见识有限，难免存在疏漏，请各界同仁批评指正。